面向新工科的电工电子信息基础课程系列教材

教育部高等学校电工电子基础课程教学指导分委员会推荐教材

离散时间信号处理

——基于MATLAB的实践

袁 杰 陶 超 编著

清華大学出版社

北 京

内 容 简 介

本书主要介绍离散时间信号处理中涉及的计算、绘图和分析方法，并通过大量的 MATLAB 程序加深对理论知识的理解。全书共十章，分别为离散时间信号的表示，离散时间信号的基本运算，离散时间系统的响应，Z 变换和逆 Z 变换，Z 域分析，离散时间傅里叶变换及频域分析，离散傅里叶变换，离散傅里叶变换的应用，FIR 滤波器的设计以及 IIR 滤波器的设计。每一章都配有丰富的实例程序和课后练习。

本书对离散时间信号的实践环节进行详细的讲解，并结合电子与信息工程学科的实际问题，有针对性地进行分析和讨论。本书适合有 MATLAB 编程基础的电子信息类、计算机类、自动化类等理工科专业师生，以及从事信号处理相关工作的工程技术人员。

图书在版编目(CIP)数据

离散时间信号处理：基于 MATLAB 的实践/袁杰，陶超编著. —北京：清华大学出版社，2022.1 (2024.5 重印)
面向新工科的电工电子信息基础课程系列教材
ISBN 978-7-302-59187-0

Ⅰ. ①离… Ⅱ. ①袁… ②陶… Ⅲ. ①离散信号－时间信号－信号处理－Matlab 软件－高等学校－教材 Ⅳ. ①TN911.7

中国版本图书馆 CIP 数据核字(2021)第 187086 号

责任编辑：文 怡
封面设计：王昭红
责任校对：李建庄
责任印制：沈 露

出版发行：清华大学出版社
网　　址：https://www.tup.com.cn，https://www.wqxuetang.com
地　　址：北京清华大学学研大厦 A 座　　**邮　　编**：100084
社 总 机：010-83470000　　**邮　　购**：010-62786544
投稿与读者服务：010-62776969，c-service@tup.tsinghua.edu.cn
质量反馈：010-62772015，zhiliang@tup.tsinghua.edu.cn
课件下载：https://www.tup.com.cn，010-83470236
印 装 者：涿州市般润文化传播有限公司
经　　销：全国新华书店
开　　本：185mm×260mm　　**印　　张**：11.5　　**字　　数**：277 千字
版　　次：2022 年 1 月第 1 版　　**印　　次**：2024 年 5 月第 2 次印刷
印　　数：1501～1700
定　　价：39.00 元

产品编号：093906-01

前　言

信号是信息的表现形式,信号处理是为了有效地传输和利用信息。随着超大规模集成电路技术和计算机技术的发展,信号的数字传输和数字处理已经在很多领域替代了传统的模拟信号处理方法,成为音频、图像、视频、通信、自控等领域内信息处理的主要手段。与模拟信号处理相比,数字信号处理具有很大的灵活性,广泛的适应性,很高的可靠性、安全性和性价比。随着离散时间信号处理技术的应用领域的不断扩展和深入,离散时间信号处理学科的重要性越来越被人们所认知。作为高校理工科专业的一门重要学科平台课程,“离散时间信号处理”也受到了普遍的重视。

MATLAB作为一种面向科学与工程计算的高级语言,是学术界最具影响力、最有活力的计算软件之一。本书主要介绍离散时间信号处理中涉及的计算、绘图和分析方法,并通过大量的MATLAB程序加深对理论知识的理解。全书分10章。第1章介绍信号生成和显示相关的MATLAB命令和函数,以及离散时间信号的表示方法;第2章介绍离散时间信号的基本运算,包括信号产生、信号移位、相加、相乘、抽样、插值、重采样和卷积;第3章介绍离散时间系统的时域响应,特别是差分方程的求解;第4章介绍Z变换和逆Z变换的符号运算以及Z域零点极点图的绘制;第5章介绍Z变换的应用,包括求解差分方程、计算等效初始条件输入向量;第6章介绍离散时间傅里叶变换,包括计算函数的绝对值、幅值、相角、实部、虚部,离散系统的零点极点图绘制,频率响应,群延迟和相位延迟,全通系统,最小相位延迟系统;第7章介绍离散傅里叶变换基础,包括求共轭、快速傅里叶变换和快速傅里叶逆变换;第8章介绍离散傅里叶变换应用,包括线性卷积、循环卷积、圆周移位、圆周翻褶、实信号分解为圆周偶对称信号和圆周奇对称信号,用离散傅里叶变换计算长信号与短信号卷积以及谱分析的方法;第9章介绍FIR滤波器设计的两种方法,即窗函数法和频率采样法,并通过实例设计FIR低通滤波器、带通滤波器、高通滤波器、带阻滤波器,频率采样型FIR滤波器,线性相位FIR滤波器的特点,系数对FIR滤波器的影响以及FIR滤波器的优化设计;第10章介绍IIR滤波器设计和有限字长效应的应对方法,并给出相关实例程序和课后练习。

本书对离散时间信号的实践环节进行详细的讲解,并结合电子与信息工程学科的实际问题,有针对性地进行分析和讨论,使得抽象的理论不再晦涩难懂,烦琐的计算在程序运行后一目了然。

本书对使用MATLAB进行离散时间信号处理的学习和研究具有一定的参考价值。

前　言

由于编者水平有限，书中难免会出现错误和疏漏之处，敬请读者批评指正。本书由南京大学袁杰和陶超编著，编撰过程中得到了詹洪陈、孙英、王岳宁及其他同志的协助和支持，在此表示衷心的感谢。

选用本书作为教材的教师，可联系 tupwenyi@163.com 获取教学课件、程序源代码、仿真模型文件等教学资源，辅助教学。

编　者

2021 年 12 月于南京

目录

目录

目录

第1章 离散时间信号的表示

1.1 基础理论及相关 MATLAB 函数语法介绍

1.1.1 基础理论

MATLAB(矩阵实验室的简称)是一种专业的计算机软件,用于工程科学的矩阵数学运算。现在,MATLAB 已经发展成为一种极其灵活的计算体系,用于解决各种重要的技术问题。MATLAB 软件执行 MATLAB 语言,并提供了一个使用范围极其广泛的预定义函数库,这样就使得技术工作变得简单、高效。与其他语言不同,MATLAB 有许多的画图和图像处理命令。当 MATLAB 运行时,这些标绘图和图片将会出现在计算机的图像输出设备中。此功能使得 MATLAB 成为一个形象化技术数据的卓越工具。MATLAB 是一个庞大的软件,拥有难以置信的各种丰富的函数;即使基本版本的 MATLAB 拥有的函数也比其他的工程编程语言要丰富得多。基本的 MATLAB 语言已经拥有 2000 多个函数,而它的工具包则带有更多的函数,由此扩展了它在许多专业领域的功能。除了植入 MATLAB 基本语言中的大量函数,还有许多专用工具箱,以帮助用户解决具体领域的复杂问题。例如,用户可以购买标准的工具箱以解决信号处理、控制系统、通信、图像处理、神经网络和其他许多领域的问题。

MATLAB 的灵活性和平台独立性是通过将 MATLAB 代码编译成设备独立的 P 代码,然后在运行时解释 P 代码来实现的。由于 MATLAB 是解释性语言,而不是编译型语言,产生的程序执行速度较慢。这个问题可以通过改进 MATLAB 语句结构得到缓解,也可以通过 MATLAB 的矩阵运算替换循环运算实现计算的加速。本书主要针对信号处理中涉及的 MATLAB 函数和工具进行介绍。

常见的因果离散时间信号定义如下。

1. 单位样值信号

$$\delta(n)=\begin{cases}1, & n=0\\0, & n\neq 0\end{cases} \tag{1-1}$$

2. 阶跃信号

$$u(n)=\begin{cases}1, & n\geqslant 0\\0, & n<0\end{cases} \tag{1-2}$$

阶跃信号与单位样值信号的关系:

$$\delta(n)=u(n)-u(n-1) \tag{1-3}$$

$$u(n)=\sum_{m=0}^{n}\delta(n-m) \tag{1-4}$$

3. 矩形信号

$$R_m(n)=\begin{cases}1, & 0\leqslant n<m\\ 0, & \text{其他}\end{cases},\quad m>0 \tag{1-5}$$

矩形信号与阶跃信号的关系：

$$R_m(n)=u(n)-u(n-m) \tag{1-6}$$

矩形信号与单位样值信号的关系：

$$R_m(n)=\sum_{k=0}^{m-1}\delta(n-k) \tag{1-7}$$

4. 符号函数信号

$$\operatorname{sgn}(n)=\begin{cases}1, & n\geqslant 0\\ -1, & n<0\end{cases} \tag{1-8}$$

符号函数信号与阶跃信号的关系：

$$\operatorname{sgn}(n)=u(n)-u(-n-1) \tag{1-9}$$

5. 三角函数信号

$$x(n)=\cos(an)u(n),\quad a\in\mathbf{R} \tag{1-10}$$

6. 实指数信号

$$x(n)=a^n u(n),\quad a\in\mathbf{R} \tag{1-11}$$

7. 复指数信号

$$x(n)=\mathrm{e}^{\mathrm{j}an}u(n),\quad a\in\mathbf{R} \tag{1-12}$$

复指数信号与三角函数信号的关系：

$$x(n)=(\cos an+\mathrm{j}\sin an)u(n),\quad a\in\mathbf{R} \tag{1-13}$$

8. 递增信号

$$d(n)=nu(n) \tag{1-14}$$

递增信号与单位样值信号的关系：

$$d(n)=\sum_{m=0}^{n-1}u(n-m) \tag{1-15}$$

9. 周期矩形波/方波信号

作用：构建周期方波信号。

语法介绍：y=square(x)。以离散时间信号 x 的数据生成周期为 2π 的矩形波，峰值为−1 和 1。

y=square(x,xmax)。以离散时间信号 x 的数据生成周期为 2π 的矩形波,峰值为 −1 和 1,占空比为 xmax,当 xmax=0.5 时为方波。

10. 周期三角波/锯齿波信号

作用:构建周期三角波/锯齿波信号。

语法介绍:y=sawtooth(x)。以离散时间信号 x 的数据生成周期为 2π 的锯齿波,峰值为−1 和 1。

y=sawtooth(x,xmax)。以离散时间信号 x 的数据生成周期为 2π 的锯齿波,峰值为 −1 和 1,占空比为 xmax,当 xmax=0.5 时为三角波。

11. 其他周期信号

作用:构建任意周期信号。

语法介绍:y=repmat(x,n)。返回一个周期为 length(x)的周期信号 y,该信号为信号 x 的 n 次重复。y=repmat(x,r)。使用行向量 r 指定重复方案,举例来说,repmat(x,[2 3])与 repmat(x,2,3)返回相同的结果。

1.1.2 一维信号建立及基本平面图形绘制

1. 信号的定义

a=[a1:d:a2]; 或 a =a1:d:a2;
其中 a1 为初始值,d 为步长,a2 为终止值。

例 1.1 用向量表示信号。

```
a = [1:2:20]
a =
     1     3     5     7     9    11    13    15    17    19
```

例 1.2 用运算表达式表示信号。

```
b = 1:10
b =
     1     2     3     4     5     6     7     8     9    10
```

例 1.3 用运算表达式表示信号。

```
c = 1:2:40
c =
     1     3     5     7     9    11    13    15    17    19
    21    23    25    27    29    31    33    35    37    19
```

例 1.4 用运算表达式表示信号。

```
d = 1:5:35
d =
    1     6     11     16     21     26     31
```

例 1.5 用函数生成向量表示信号。

```
x = linspace(0,5,10)
x = 0     0.5556     1.1111     1.6667     2.2222     2.7778     3.3333     3.8889
4.4444     5.0000
```

2. plot(x)/stem(x)

若 x 为向量,则以 x 的数值为纵坐标,以 x 中元素序号为横坐标,用直线依次连接数据点,绘制曲线。若 x 为实矩阵,则按列绘制每列对应的曲线。

例 1.6 用曲线绘制信号。

```
a = 1:5; plot(a);
xlabel('横坐标'); ylabel('纵坐标');
title('例 1.6');
grid on; grid minor;
```

运行程序,结果如图 1.1 所示。

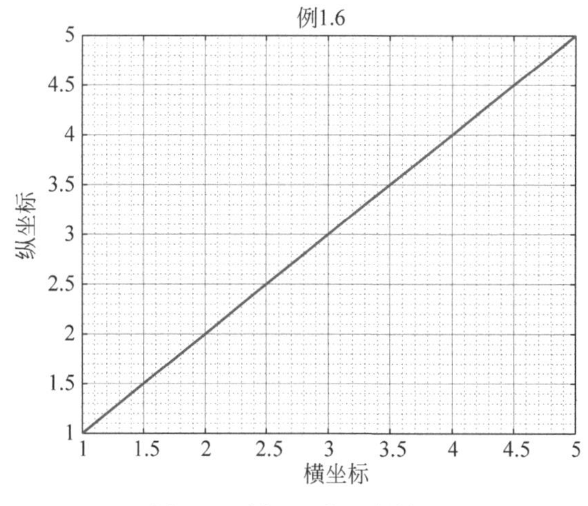

图 1.1　例 1.6 的运行结果

3. plot(x,y)/stem(x,y)

若 y 和 x 为同维向量,则以 x 为横坐标、y 为纵坐标绘制连线图。若 x 是向量,y 是行数或列数与 x 长度相等的矩阵,则绘制多条不同颜色的连线图,以 x 作为这些曲线的共同横坐标。若 x 和 y 为同型矩阵,则以 x,y 对应元素分别绘制曲线,曲线条数等于矩阵列数。

例 1.7 在指定的坐标范围内用曲线绘制信号。

```
a = 1:0.1:5; b = tan(a);
plot(a,b);xlabel('a');
ylabel('b');title('例 1.7');
grid on; grid minor;
```

运行程序,结果如图 1.2 所示。

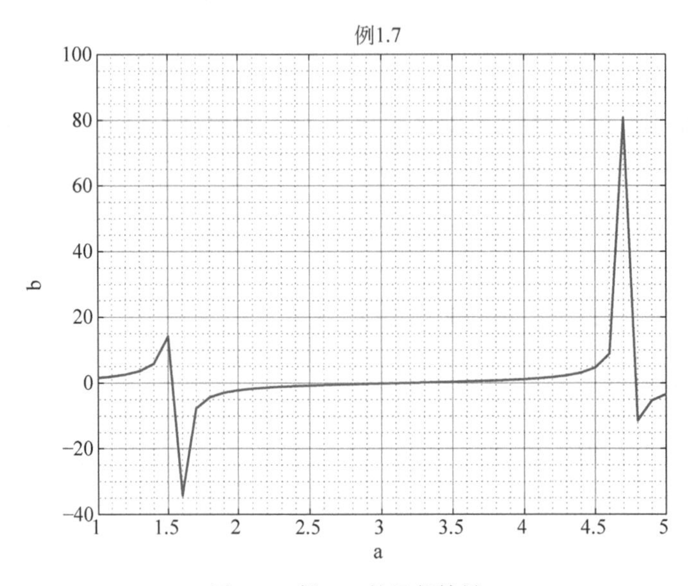

图 1.2 例 1.7 的运行结果

4. plot(x,y1,x,y2,x,y3,…)

以公共向量 x 为 x 轴,分别在同一幅图内绘制 y1,y2,y3 等多条曲线。

例 1.8 用曲线绘制多个信号在同一个图窗内。

```
x = 1:5; y1 = 2:6; y2 = 1:2:9;
y3 = x/2; y4  =  x * 1.6;
plot(x,y1,x,y2,x,y3,x,y4);
legend('y1','y2','y3','y4','location','best');
xlabel('x');ylabel('y');title('例 1.8');
grid on; grid minor;
```

运行程序,结果如图 1.3 所示。

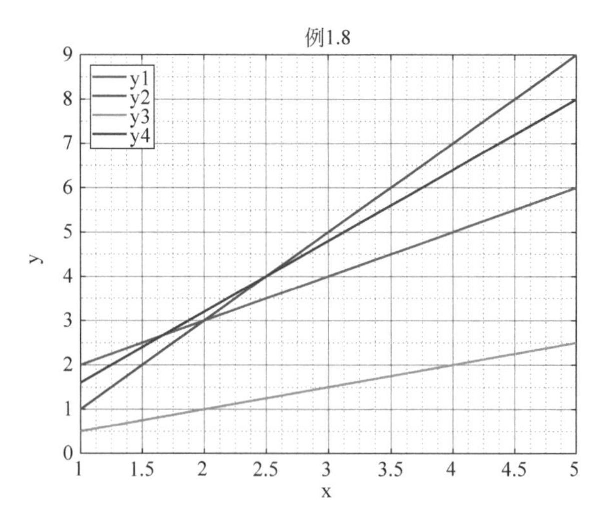

图 1.3　例 1.8 的运行结果

5. plot(x,y,式样)/stem(x,y,式样)

设定绘制图形的颜色、形状和线性。'y'：黄色，'m'：品红色，'c'：青蓝色，'r'：红色，'g'：绿色，'b'：蓝色，'w'：白色，'k'：黑色。'-'：实线(默认)，'--'：虚线，':'：点线，'-.'：点画线。'o'：圆圈，'+'：加号，'*'：星号，'.'：点，'x'：叉号，'s'：方形，'d'：菱形，'^'：上三角，'v'：下三角，'>'：右三角，'<'：左三角，'p'：五角形，'h'：六角形。

例 1.9　用不同的符号在同一个图窗内绘制多个信号。

```
x = 0:pi/30:4 * pi;
y1 = sin(x); y2 = cos(x); y3 = cos(2 * x);
plot(x,y1,'o',x,y2,' * ',x,y3, 'p')
legend('y1','y2', 'y3');
xlabel('x');ylabel('y');title('例 1.9');
grid on;
```

运行程序，结果如图 1.4 所示。

6. 图形标记

title('图形标题')；
title('图形标题', 属性, 数值)；
xlabel('X 轴标记')；
xlabel('X 轴标记', 属性, 数值)；
ylabel('Y 轴标记')；
ylabel('Y 轴标记', 属性, 数值)；
常用的属性包括 Color：字体颜色，FontName：字体，FontSize：字体大小，

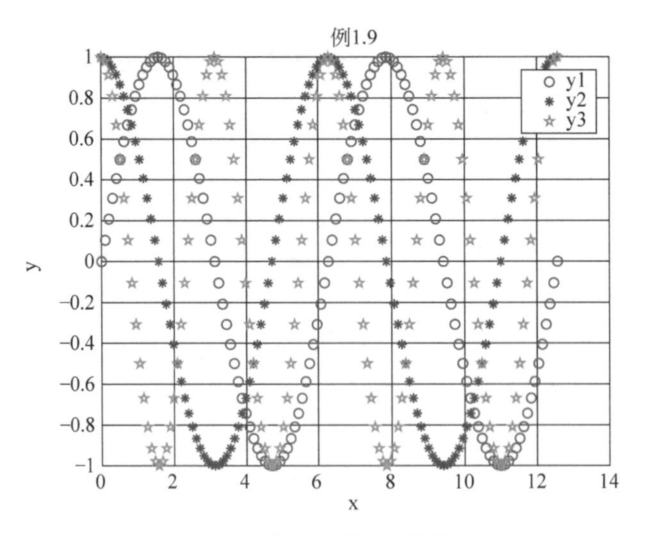

图 1.4 例 1.9 的运行结果

FontWeight：字体粗细，FontAngle：文字角度，Rotation：文字方向，EdgeColor：边框颜色，BackgroundColor：背景颜色等。

例 1.10 绘制信号并标注横、纵坐标及标题。

```
x = 0:pi/100:2 * pi;
y1 = sin(x);
plot(x,y1,'go');
title('正弦曲线');
xlabel('横坐标');
ylabel('纵坐标');
grid on; grid minor;
```

运行程序，结果如图 1.5 所示。

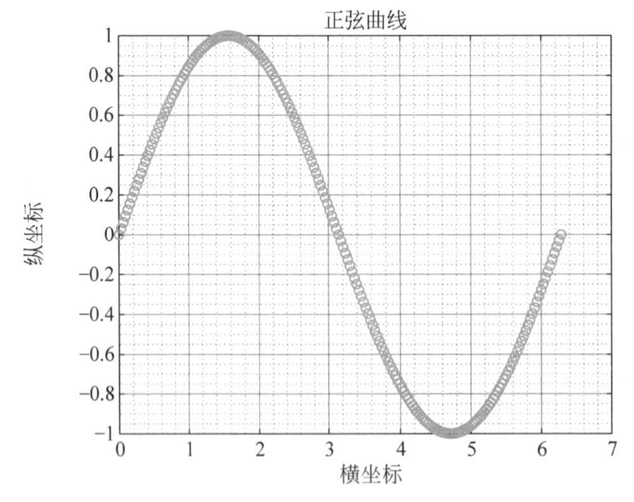

图 1.5 例 1.10 的运行结果

7. 设定坐标轴

axis([xmin xmax ymin ymax]): 设定极值;
axis('auto'):坐标系统返回默认状态;
axis('square'):当前图形设置成方形;
axis('equal'):两个坐标因子相等;
axis('off/on'): 关闭/显示坐标系统。

例 1.11 绘制信号并指定图窗的显示范围。

```
x = 0:pi/100:pi;
y1 = 2 * sin(2 * x);y2 = exp(x);
plot(x,y1,x,y2);
axis([0 pi - 3 24]);
xlabel('x');ylabel('y');
title('例 1.11'); legend('2sin(2x)','e^x');
grid on, grid minor;
```

运行程序,结果如图 1.6 所示。

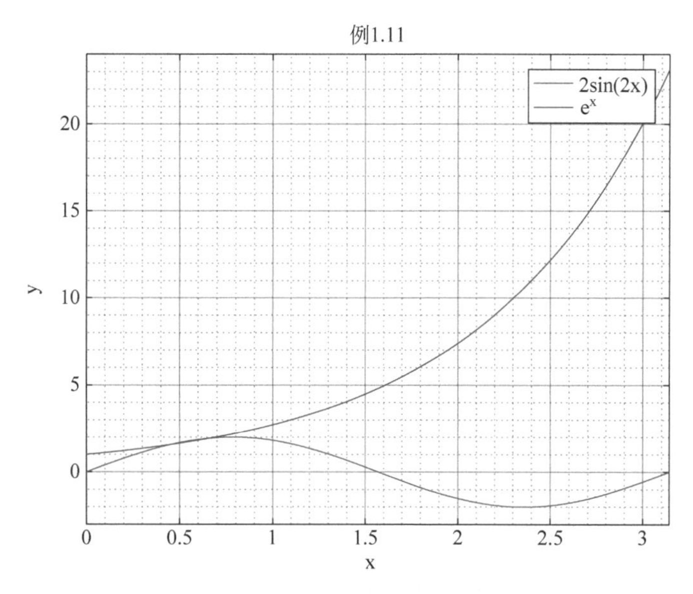

图 1.6 例 1.11 的运行结果

8. 加图例

legend(label1,…,labelN)。设置图例标签。以字符向量或字符串列表形式指定标签。
legend('off')删除图例。
legend(___,'Location',lcn)。设置图例位置。

legend(___,'Orientation',ornt)。设置图注的排列方向。

legend(___,属性，数值)。设置图注的字体等属性，与6.相同。

例 1.12 绘制多个信号并标注图例。

```
x = 0:pi/100:2 * pi;
y1 = sin(x);
y2 = cos(x);
plot(x,y1,x,y2,'--');
legend('sin(x)','cos(x)','Location','best',…
'Orientation','vertical');
grid on;
xlabel('x');ylabel('y');
title('例 1.12');
```

运行程序，结果如图1.7所示。

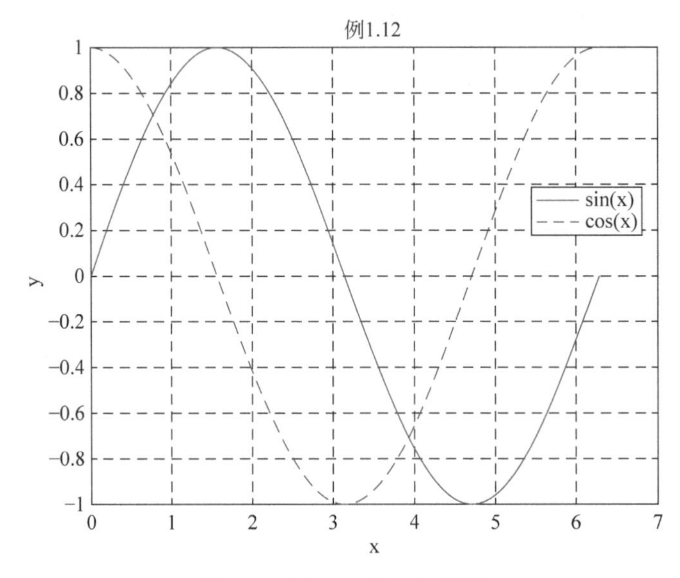

图1.7　例1.12的运行结果

9. 加字符串

text(x,y,'string','属性名称','属性值')：在指定位置(x,y)上添加字符串“string”，属性可以不设置。

例 1.13 在指定位置添加文字标注。

```
x = 0:pi/100:2 * pi; y1 = sin(x);
plot(x,y1,pi,0,'*'); grid on
text(pi,0,'\leftarrow zeros point');
xlabel('x');ylabel('y');title('例 1.13');
```

运行程序,结果如图 1.8 所示。

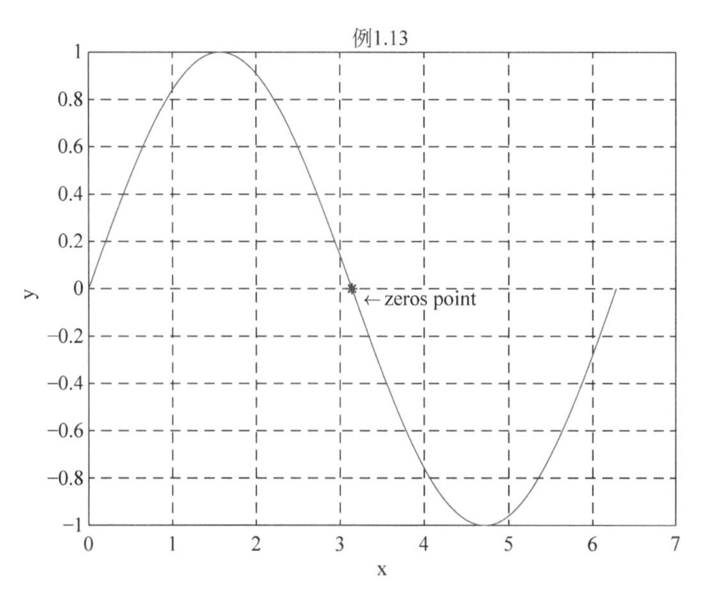

图 1.8 例 1.13 的运行结果

10. 坐标加网格和边框,图形保持

grid on/off: 网格显示的开/关。

grid minor: 切换改变次网格线的可见性。

box on/off: 边框显示的开/关。

hold on/off: 图形显示的保持/关闭。

11. 多图形窗口绘制

h=figure: 创建新窗口并返回句柄到变量 h。figure(h)可以激活指定的绘图窗口。每执行一次 figure,就创建一个新的图形窗口,若返回窗口识别码,称为句柄,显示在图形窗口标题栏。

例 1.14 以不同的图窗方式显示信号。

```
x = 0:pi/100:4 * pi; y1 = sin(x); y2 = cos(x);
h1 = figure; plot(x,y1); grid on;
title('例 1.14(1)');xlabel('x'); ylabel('y');
h2 = figure; plot(x,y2);grid on;
title('例 1.14(2)');xlabel('x'); ylabel('y');
```

运行程序,结果如图 1.9 所示。

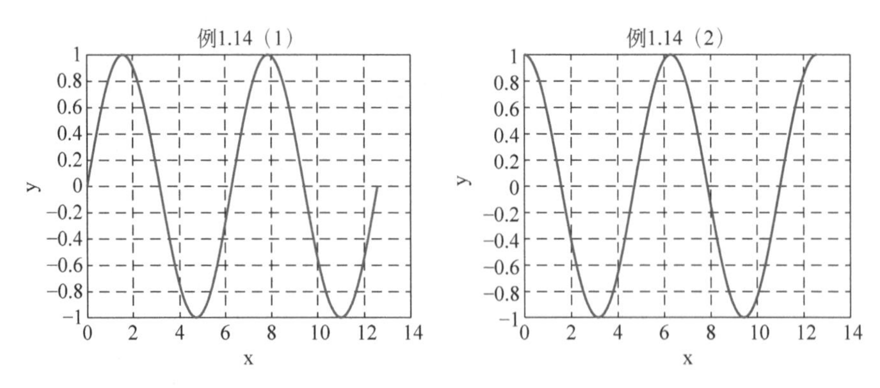

图 1.9　例 1.14 的运行结果

12. 分区绘图

subplot(m,n,p)：将图像窗口分为 m×n 绘图区域，第 p 个区域为当前活动区域。若 p 为向量，则绘图的子图跨越多个区域。

ax = subplot(___)：得到子图的句柄。

例 1.15　将图窗分成 3 行 2 列显示 4 个不同的信号。

```
x = 0:pi/100:2 * pi; y1 = sin(x); y2 = cos(x);
y3 = sin(x) + sin(2 * x); y4 = cos(x) + cos(2 * x);
subplot(3,2,1);plot(x,y1);
xlabel('x');ylabel('y');title('sin(x)');
axis([0 2 * pi  - 1 1]); grid on;
subplot(3,2,3);plot(x,y2);
xlabel('x');ylabel('y'); title('cos(x)');
axis([0 2 * pi  - 1 1]); grid on;
subplot(3,2,[2 4]);plot(x,y3);
xlabel('x');ylabel('y');title('sin(x) + sin(2x)');
axis([0 2 * pi  - 2 2]); grid on;
subplot(3,2,[5 6]);plot(x,y4);
xlabel('x');ylabel('y'); title('cos(x) + cos(2x)');
axis([0 2 * pi  - 2 2]); grid on;
```

运行程序，结果如图 1.10 所示。

13. 绘制函数 f(x)曲线

fplot('function',limits,linespec)：在指定的范围 limits 内，绘制函数名为 function 的一元函数图形，范围为[xmin xmax ymin ymax]，linespec 为线型。

fplot('function－x','function－y',limits,linespec)：在指定的范围 limits 内，绘制由 x=function－x(t)和 y=function－y(t)定义的曲线。范围为[xmin xmax ymin ymax]，linespec 为线型。

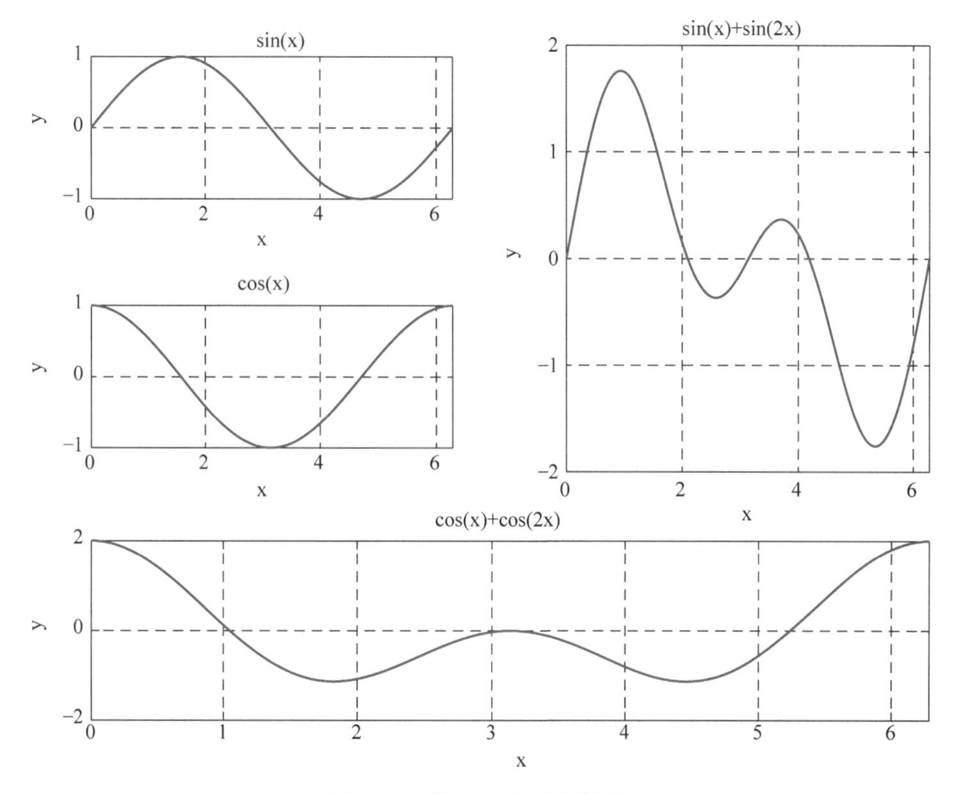

图 1.10　例 1.15 的运行结果

fp = fplot(___)返回 FunctionLine 对象或 ParameterizedFunctionLine 对象，具体情况取决于输入。可以使用 fp 查询和修改特定线条的属性。

例 1.16　绘制正切信号曲线。

```
fplot('tanh',[ - 2 2]);
text(0,0,'\leftarrow y = tanh(x)');
xlabel('x');
ylabel('y');
title('例 1.16');grid on;
```

运行程序，结果如图 1.11 所示。

14. 离散信号的绘制

stem(x,y,'filled','linespec')：产生离散信号，x，y 分别为离散点的横坐标和纵坐标，filled 表示对柄形末端的小圆圈填充颜色，linespec 指定线型。h = stem(___)返回绘图句柄。相比 5. 中的属性，stem()函数还增加了'MarkerSize'设置标记的大小，'MarkerEdgeColor'设置标记的轮廓颜色，'MarkerFaceColor'设置标记的填充颜色。

例 1.17　用离散的方式绘制曲线。

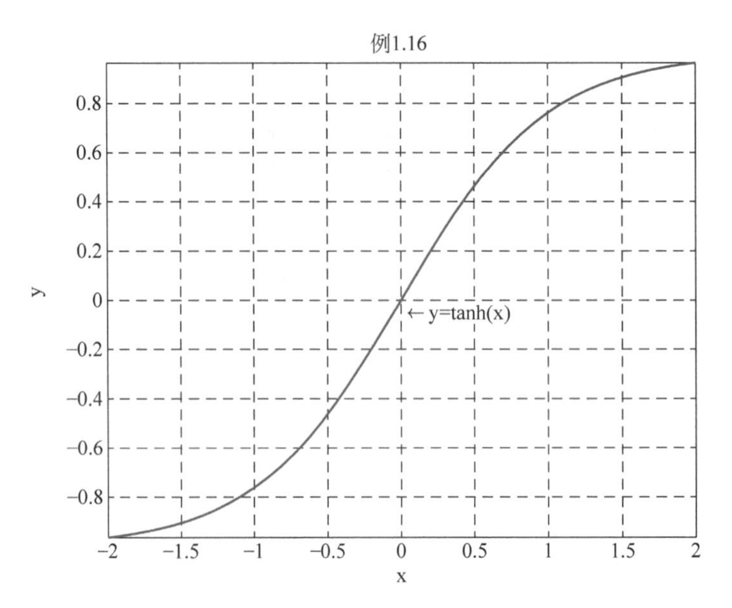

图 1.11　例 1.16 的运行结果

```
x = - 20:20; step = pi/10;
y = sin(x * step);
stem(x,y, 'filled', 'LineStyle','-.',...
    'MarkerFaceColor','red',...
    'MarkerEdgeColor','green');
xlabel('x');ylabel('y');
title('例 1.17');
grid on;
```

运行程序,结果如图 1.12 所示。

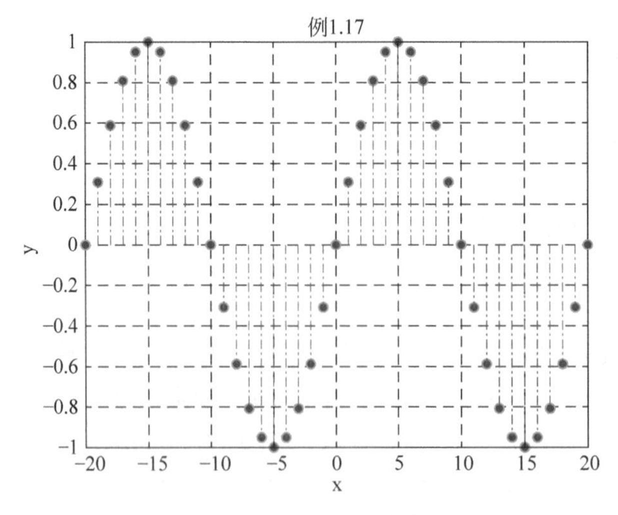

图 1.12　例 1.17 的运行结果

1.1.3 随机信号产生

1. 生成均匀分布随机矩阵——rand()函数

y=rand(n)：产生 n×n 随机矩阵,其元素在(0,1)内。

y=rand(m,n)：产生 m×n 随机矩阵,其元素在(0,1)内。

y=rand(m,n,p,…)：产生 m×n×p×……随机矩阵,其元素在(0,1)内。

y=rand(size(A))：产生与矩阵 A 相同维度的随机矩阵,其元素在(0,1)内。

y=rand：无变量输入时只产生一个在(0,1)内的随机数。

y=randn(___,typename)返回由 typename 数据类型的高斯分布随机数组成的数组。typename 可以是'single'或'double'。

例 1.18 生成 100 个均匀分布的随机数并分别用连续和离散的方式显示。

```
y1 = rand(1,100); y2 = rand(1,100); y3 = rand(1,100);
subplot(3,1,1);plot(y1); grid on;
xlabel('x');ylabel('y');title('例 1.18(1)');
subplot(3,1,2);stem(y2); grid on;
xlabel('x');ylabel('y');title('例 1.18(2)');
subplot(3,1,3);stem(y3,'filled'); grid on;
xlabel('x');ylabel('y');title('例 1.18(3)');
```

运行程序,结果如图 1.13 所示。

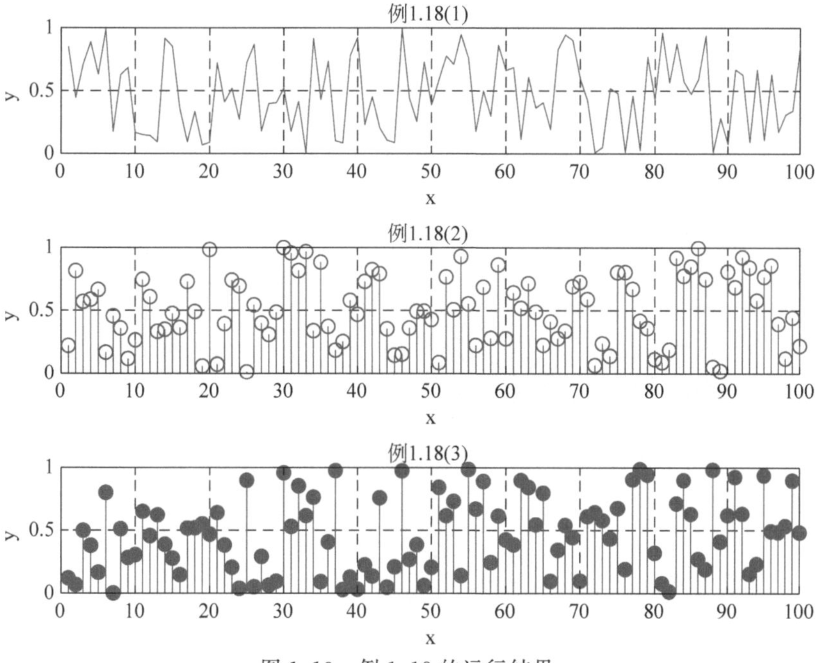

图 1.13 例 1.18 的运行结果

2. 生成正态分布(高斯分布)随机矩阵——randn()函数

语法与 rand(n)相同。

例 1.19 生成 100 个高斯分布的随机数并分别用连续和离散的方式显示。

```
y1 = randn(1,100);y2 = randn(1,200);y3 = randn(1,300);
subplot(3,1,1);plot(y1);grid on;
xlabel('x');ylabel('y');title('例 1.19(1)');
subplot(3,1,2);stem(y2);grid on;
xlabel('x');ylabel('y');title('例 1.19(2)');
subplot(3,1,3);stem(y3,'filled');grid on;
xlabel('x');ylabel('y');title('例 1.19(3)');
disp(['y1 均值 = ',num2str(mean(y1)),',方差 = ', ...
num2str(std(y1)),',y2 均值 = ',num2str(mean(y2)),...
',方差 = ',num2str(std(y2)),',y3 均值 = ', ...
num2str(mean(y3)),',方差 = ',num2str(std(y3))])
>> y1 均值 = - 0.048354,方差 = 1.008,y2 均值 = - 0.051397,方差 = 1.045,y3 均值 =
0.037509,方差 = 1.022
```

运行程序,结果如图 1.14 所示。

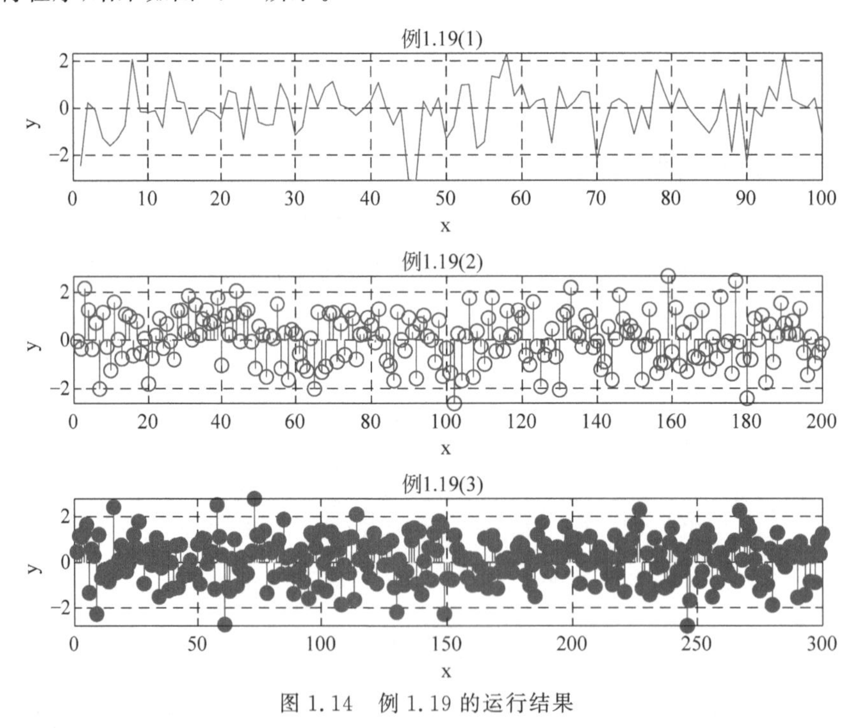

图 1.14 例 1.19 的运行结果

3. 生成随机信号——randperm()函数

p=randperm(n)返回行向量,其中包含 1~n(包括两者)的整数随机置换。p=

randperm(n,k)返回行向量,其中包含1～n(包括两者)随机选择的k个唯一整数。

例1.20 将1～10随机排列。

```
p = randperm(10)
p =
  6    4    5    7    2    9    8    1    3    10
```

4. 生成线型等分向量——linspace()函数

y =linspace(a,b): 在(a,b)上产生100个线性等分点。

y =linspace(a,b,n): 在(a,b)上产生n个线性等分点。linspace类似于冒号运算符“:”,但可以直接控制点数并始终包括端点。

例1.21 用函数生成等差信号。

```
x = linspace(1,300,100);subplot(2,1,1);stem(x);
xlabel('x');ylabel('y');title('例1.21(1)');
x = linspace(1,300,50);subplot(2,1,2);stem(x);
xlabel('x');ylabel('y');title('例1.21(2)');
```

运行程序,结果如图1.15所示。

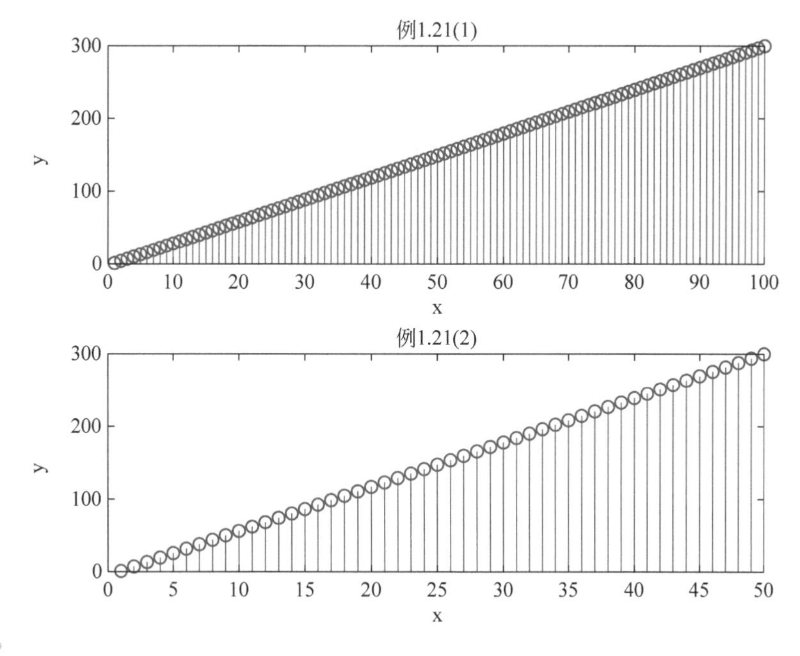

图1.15 例1.21的运行结果

5. 产生对数等分向量——logspace()函数

y=logspace(a,b): 在(10^a,10^b)上产生50个对数等分点; logspace()函数对于创建

频率向量特别有用。

y=logspace(a,b,n)：在(10^a,10^b)上产生 n 个对数等分点。

y=logspace(a,pi)：在 10^a～π 生成点，这对于在区间[10^a,π]中创建对数间距频率的数字信号处理很有用。

例 1.22 用函数生成等比信号。

```
x = logspace(1,2);
subplot(2,1,1); stem(x);
xlabel('x');ylabel('y');
title('例 1.22(1)'); grid on;
y = logspace(1,2,20);
subplot(2,1,2); stem(y);
xlabel('x'); ylabel('y');
title('例 1.22(2)'); grid on;
```

运行程序，结果如图 1.16 所示。

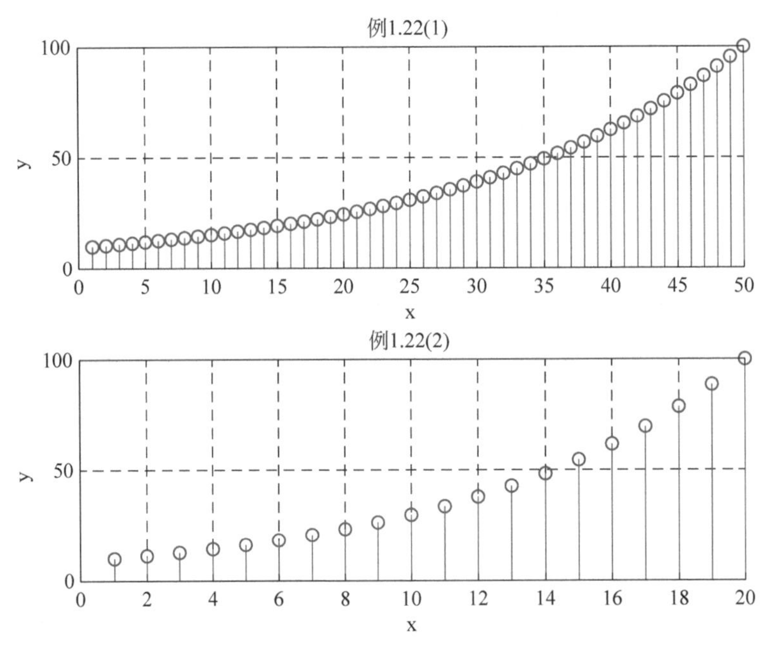

图 1.16 例 1.22 的运行结果

6. 产生二项分布的随机数据——binornd()函数

r=binornd(N,P)：返回服从参数为(N,P)的二项分布的随机数。

r=binornd(N,P,m)：返回 m 个服从参数为(N,P)的二项分布的随机数。

r=binornd(N,P,a,b)：返回服从参数为(N,P)的二项分布的随机矩阵。

例 1.23 用函数生成二项分布的随机数。

```
r = binornd(10,0.5,3,6)
r =
     4     6     6     3     6     5
     7     4     4     6     6     7
     3     4     6     4     3     2
```

7. 产生正态分布随机数据——normrnd()函数

r=normrnd(ave, sig, m, n)：返回 m 行 n 列均值为 ave,标准差为 sig 的正态分布随机数据。

例 1.24 用函数生成正态分布的随机数。

```
r = normrnd(10,0.5,3,5)
r =
    10.2599     9.9952    10.4321    10.4420    10.3415
     9.9929     9.6551    10.0567    10.0901    10.5853
     9.4222     9.6667    10.1992    10.2754    10.2379
```

8. 通用函数求各分布的随机数据——random()函数

y=random('name',A1,A2,A3,m,n),A1,A2,A3 为分布参数,m,n 为指定随机数的行和列,name 的命名需参照相关表格。

例 1.25 用函数求各分布的随机数。

```
r = random('norm',2,0.3,3,4)
r =
    2.0466    1.9000    2.1241    1.5084
    1.6289    2.2141    1.8269    1.7720
    1.3420    2.0952    2.0432    1.7544
```

1.2 实验示例

例 1.26 显示 $R_5(n)$的矩形窗信号。

```
n = -10:10; x = zeros(1,length(n));
x([find((n>=0)&(n<=4))]) = 1;stem(n,x);
title('x(n) = R_5(n)'); grid on
xlabel('n'); ylabel('x(n)');
```

运行程序,结果如图 1.17 所示。

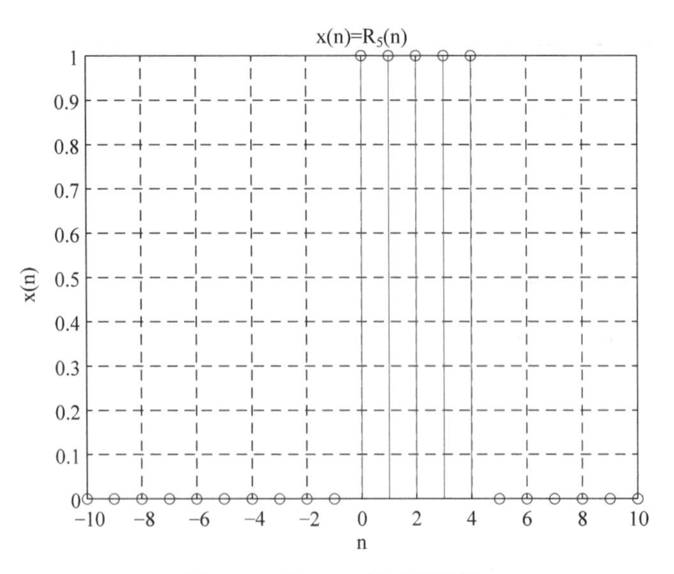

图 1.17　例 1.26 的运行结果

例 1.27　绘制单位样值信号。

```
signal = [0,1,0,0,0,0]; stem( - 1:4,signal);
title('Unit impulse signal'); grid minor;
xlabel('n'); ylabel('signal');
```

运行程序,结果如图 1.18 所示。

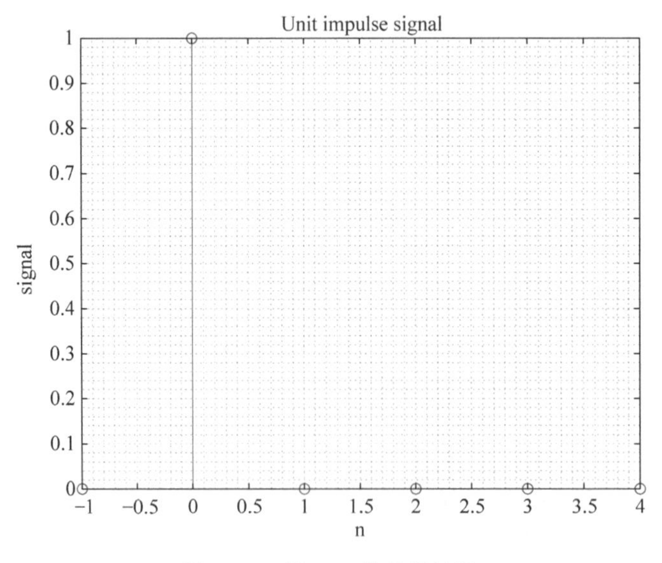

图 1.18　例 1.27 的运行结果

例 1.28　绘制单位阶跃信号。

```
n = 6; signal = ones(1,n); stem(signal);
title('Unit step signal'); grid on
xlabel('n'); ylabel('signal');
```

运行程序,结果如图 1.19 所示。

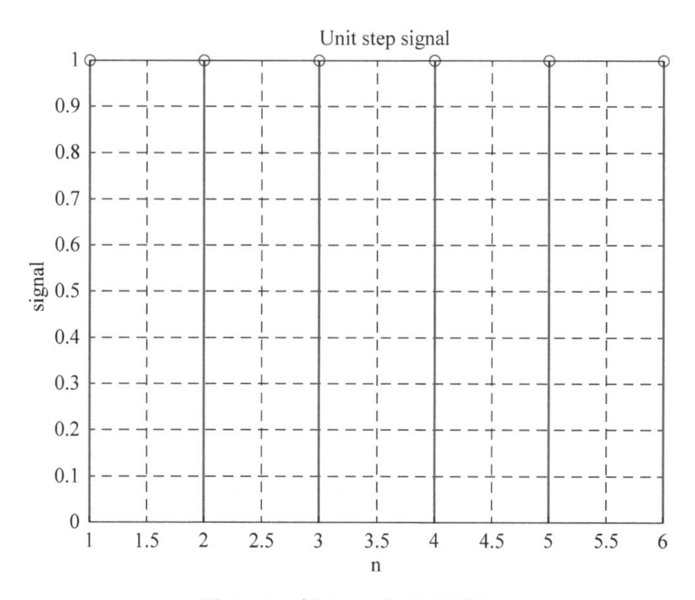

图 1.19 例 1.28 的运行结果

例 1.29 编写产生单位样值信号的 m 文件。

```
function[x,n] = impseq(n0,n1,n2)
    n = [n1:n2]; x = [(n - n0) == 0];
stem(impseq(2,0,10));
title('Shifted unit impulse signal');
xlabel('n'); ylabel('幅度'); grid minor
```

运行程序,结果如图 1.20 所示。

例 1.30 编写产生单位阶跃信号的 m 文件。

```
function[x,n] = stepseq(n0,n1,n2)
    n = [n1:n2];
    x = [(n - n0)> = 0];
stem(stepseq(3,1,10));
title('Shifted unit step signal');
xlabel('n');
ylabel('幅度');
grid on
```

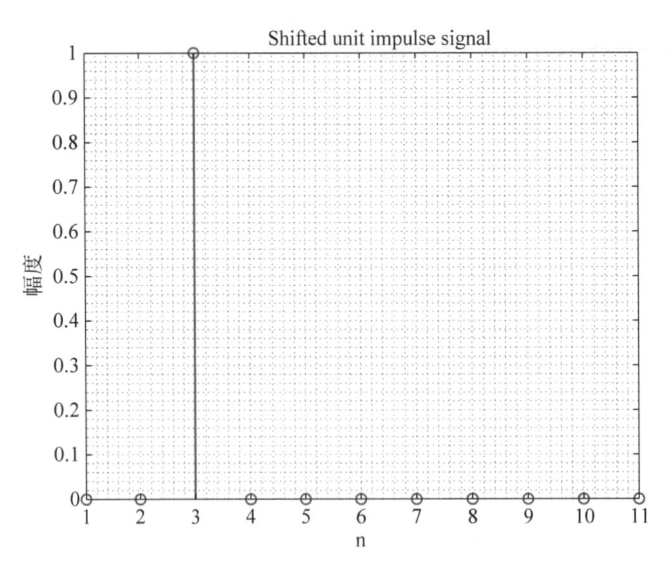

图 1.20　例 1.29 的运行结果

运行程序,结果如图 1.21 所示。

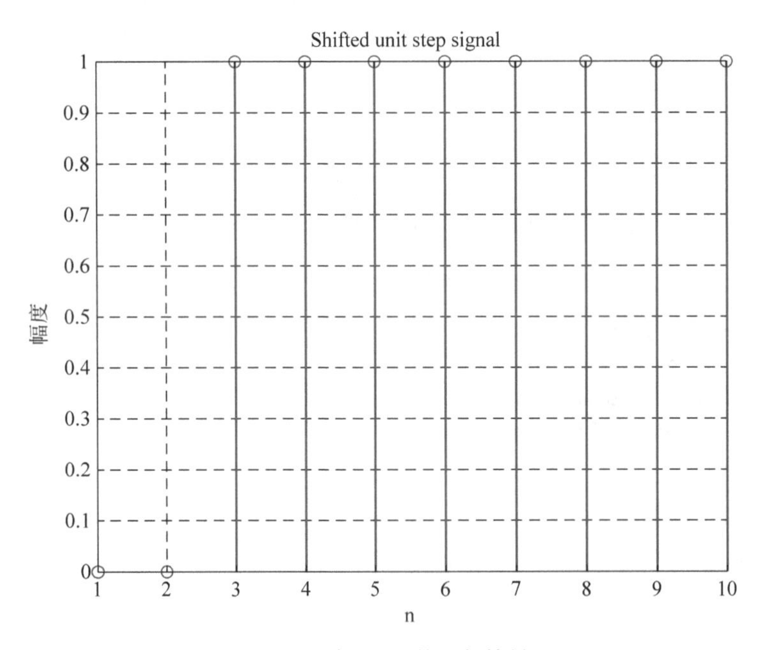

图 1.21　例 1.30 的运行结果

例 1.31　生成一个 1～10 的随机信号。

```
a = rand(1,10); stem(1:10,10 * a); grid on
title('A random signal'); xlabel('n'); ylabel('幅度');
```

运行程序,结果如图 1.22 所示。

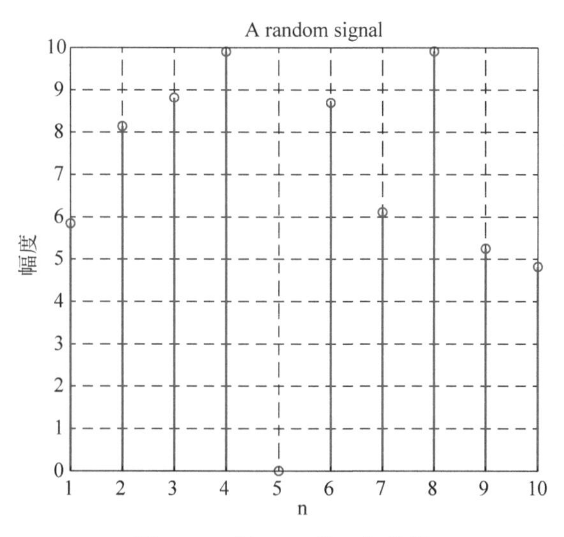

图 1.22　例 1.31 的运行结果

例 1.32　产生一个均匀分布的白噪声信号并统计直方图。

histogram()函数计算并绘制数据的统计直方图。histogram(X)基于 X 创建直方图。histogram()函数使用自动 bin 划分算法,然后返回均匀宽度的 bin,这些 bin 可涵盖 X 中的元素范围并显示分布的基本形状。histogram 将 bin 显示为矩形,这样每个矩形的高度就表示 bin 中的元素数量。h = histogram(___)返回 Histogram 对象。

```
N = 10000; x = rand(1,N);
subplot(2,1,1); plot(x(1:100));
title('例 1.32 运行结果'); xlabel('n'); ylabel('x(n)');
subplot(2,1,2); histogram(x,50);
xlabel('n'); ylabel('histogram of x(n)');
disp(['均值 = ',num2str(mean(x)), …
'方差 = ',num2str(std(x))])
>> 均值 = 0.49886 方差 = 0.28958
```

运行程序,结果如图 1.23 所示。

例 1.33　产生一个均值为 0,方差为 1,服从高斯分布的白噪声信号。

M=mean(A,'all')计算 A 的所有元素的均值。M=mean(A)返回 A 沿大小不等于 1 的第一个数组维度的元素的均值。若 A 是向量,则 mean(A)返回元素均值。若 A 是矩阵,则 mean(A)返回包含每列均值的行向量。若 A 是多维数组,则 mean(A)沿大小不等于 1 的第一个数组维度计算,并将这些元素视为向量。此维度会变为 1,而所有其他维度的大小保持不变。M=mean(A,dim)返回维度 dim 上的均值。例如,若 A 是矩阵,则

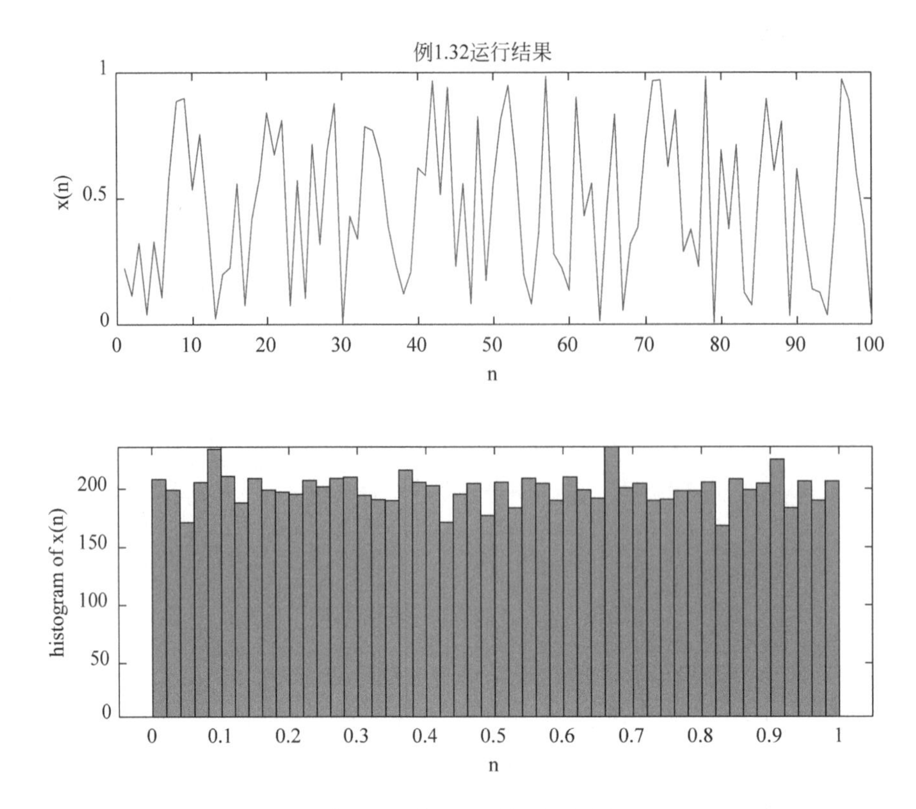

图 1.23　例 1.32 的运行结果

mean(A,2)是包含每一行均值的列向量。

S=std(A)返回 A 沿大小不等于 1 的第一个数组维度的元素的标准差。若 A 是观测值的向量,则标准差为标量。若 A 是一个列为随机变量且行为观测值的矩阵,则 S 是一个包含与每列对应的标准差的行向量。若 A 是一个多维数组,则 std(A)会沿大小不等于 1 的第一个数组维度计算,并将这些元素视为向量。此维度的大小将变为 1,而所有其他维度的大小保持不变。默认情况下,标准差按 N−1 实现归一化,其中 N 是观测值数量。

```
p = 0.1; N = 10000; x = randn(1, N); a = sqrt(p);
x = x * a; power_u = var(x);subplot(2,1,1); plot(x(1:100));
title('例 1.33(1)'); xlabel('n'); ylabel('Amplitude');
subplot(2,1,2); histogram(x,50);
title('例 1.33(2)'); xlabel('n'); ylabel('Amplitude');
```

运行程序,结果如图 1.24 所示。

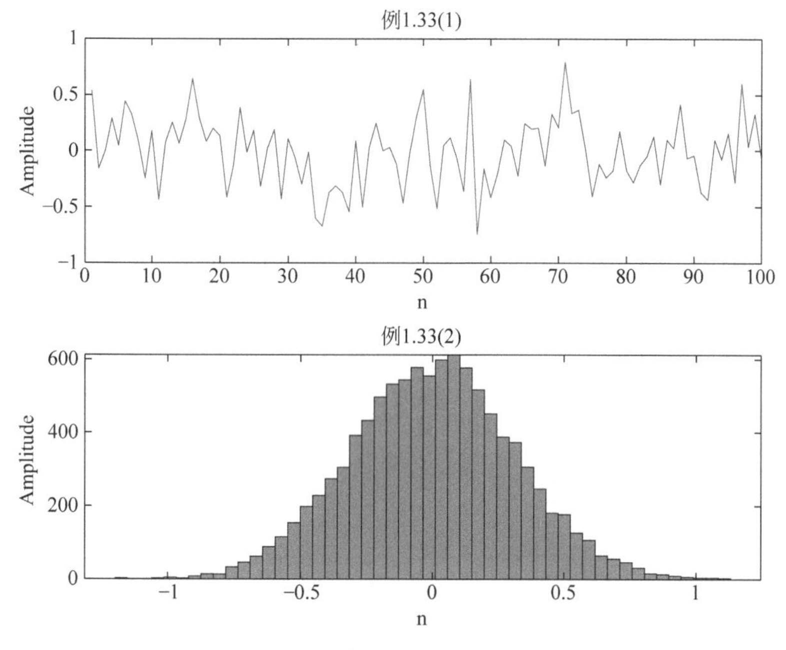

图 1.24 例 1.33 的运行结果

1.3 练习题

1.1 在同一个窗口内用不同的颜色绘制离散时间信号 $x(n)=\sin(n\pi/20)+\cos(n\pi/12)$和 $y(n)=\sin(n\pi/20)\cos(n\pi/12)$，其中$-1<n<121$。

1.2 已有离散时间信号 $x(n)=\sin(n\pi/15)[u(n)-u(n-60)]$，请用 subplot 函数在不同的窗口分别绘制 $x(n)$，$3x(n-2)$，$2x(3-n)$的信号。

1.3 已知某离散时间信号的分段解析形式为 $x(n)=\begin{cases}2n+10, & -5<n<0\\ 6, & -1<n<5\\ 0, & \text{其他}\end{cases}$

(1) 绘制 $x(n)$的图形，范围：$-20\leqslant n\leqslant 20$；

(2) 若将 $x(n)$延迟 4 个时间单位，绕 y 轴翻转，再延迟 2 个时间单位，得到信号 $y(n)$，绘制 $y(n)$的图形，范围：$-20\leqslant n\leqslant 20$。

1.4 在 $0\leqslant n\leqslant 50$ 的区间内绘制 $x(n)=\cos(0.04\pi n)+0.2w(n)$，其中 $w(n)$是均值为 0，方差为 1 的高斯分布随机信号。

1.5 在四张图上绘制复数信号 $x(n)=\mathrm{e}^{(-0.1+0.3\mathrm{j})n}$，$-10\leqslant n\leqslant 10$ 的幅度、相位、实部和虚部。

1.6 产生 N 个均匀分布的随机信号，信号长度都为 N，绘制所有信号的和。N 取值为 100～200。

1.7 产生 N 个正态分布的随机信号，信号长度都为 N，绘制所有信号的和。N 取值为 100～200。

第2章 离散时间信号的基本运算

2.1 基础理论及相关 MATLAB 函数语法介绍

2.1.1 基础理论

1 信号间的加、减、乘运算

$$y(n)=x_1(n)+x_2(n) \tag{2-1}$$

$$y(n)=x_1(n)-x_2(n) \tag{2-2}$$

$$y(n)=x_1(n)*x_2(n) \tag{2-3}$$

2. 信号的时移运算

$$y(n)=x_1(n-m),\quad m\in \mathbf{Z} \tag{2-4}$$

3. 信号的累加运算

$$y(n)=\sum_{m=-\infty}^{n} x(m) \tag{2-5}$$

4. 信号的翻转运算

$$y(n)=x(-n) \tag{2-6}$$

5. 信号的增益

$$y(n)=ax(n),\quad a\in \mathbf{R} \tag{2-7}$$

6. 信号的卷积运算

离散卷积运算的定义：

$$y(n)=x_1(n)\otimes x_2(n)=\sum_{m=-\infty}^{+\infty} x_1(m)x_2(n-m) \tag{2-8}$$

离散卷积运算的可交换性质：

$$x_1(n)\otimes x_2(n)=x_2(n)\otimes x_1(n) \tag{2-9}$$

离散卷积运算的可分配性质：

$$x_1(n)\otimes [x_2(n)+x_3(n)]=x_1(n)\otimes x_2(n)+x_1(n)\otimes x_3(n) \tag{2-10}$$

离散卷积运算的可结合性质：

$$x_1(n)\otimes [x_2(n)\otimes x_3(n)]=[x_1(n)\otimes x_2(n)]\otimes x_3(n) \tag{2-11}$$

7. 信号的相关运算

离散互相关运算的定义：

$$r_{xy}=\sum_{m=-\infty}^{+\infty}x(n)y(n+m),\quad r_{yx}=\sum_{m=-\infty}^{+\infty}y(n)x(n+m) \tag{2-12}$$

离散自相关运算的定义：

$$r_{xx}=\sum_{m=-\infty}^{+\infty}x(n)x(n+m) \tag{2-13}$$

离散互相关运算和离散卷积运算的关系：

$$r_{xy}=x(n)\otimes y(-n) \tag{2-14}$$

8. 信号的能量

当信号能量有限时，信号的能量计算方法如下：

$$E_x=\sum_{m=-\infty}^{+\infty}|x(n)|^2 \tag{2-15}$$

9. 周期信号的功率

$$P_x=\frac{1}{N}\sum_{m=0}^{N-1}|x(n)|^2,\quad 其中\ x(n)=x(n+N) \tag{2-16}$$

10. 使用重叠相加法计算卷积

对长度为 L_1 的短信号 $h(n)$，$n=0,1,2,\cdots,L_1-1$ 和长度为 L_2 的信号 $x(n)$，$n=0,1,2,\cdots,L_2-1$ 进行线性卷积，其中 $L_2\gg L_1$，采用重叠相加法，步骤如下：

(1) $k=1$，取信号 $x(n)$ 的 L_1 个数据，其中 $(k-1)L_1\leqslant n\leqslant kL_1-1$，构成长度为 L_1 的信号 $x_1(n)$；

(2) 对 $x_1(n)$ 和 $h_1(n)$ 进行卷积，得到 $2L_1-1$ 点信号 $y_1(n)$，其中 $(k-1)L_1\leqslant n\leqslant(k+1)L_1-2$；

(3) $k=k+1$；

(4) 重复(1)～(3)，直到所有 $x(n)$ 的数据都被处理完；

(5) 将所有 $y_k(n)$ 中与 $y_{k-1}(n)$ 重叠的部分相加，获得最终结果。

11. 离散时间信号的变采样率 *

改变信号的采样率可以对离散信号进行理想内插得到连续时间信号，然后再次按照指定频率进行采样。直接对离散信号的重采样包括插值和抽样。对离散时间信号 $x(n)$ 进行 M 倍(M 为整数)抽样得到 $x_{\mathrm{d}}(n)$，若信号 $x(n)$ 的离散时间傅里叶变换为 $X(\mathrm{e}^{\mathrm{j}\omega})$，则信号 $x_{\mathrm{d}}(n)$ 的离散时间傅里叶变换为

$$X_{\mathrm{d}}(\mathrm{e}^{\mathrm{j}\omega})=\frac{1}{M}\sum_{k=0}^{M-1}X\left(\mathrm{e}^{\mathrm{j}\left(\frac{\omega}{M}-\frac{2\pi k}{M}\right)}\right) \tag{2-17}$$

下采样后频谱重复了 M 次，幅度变成原来的 $1/M$，由于抽样后频谱有扩张，为了防止出现混叠，一般在抽样前会进行防混叠滤波，将被抽样的离散时间信号的最高频率限

制在 π/M 以内。下采样过程可以用图 2.1 表示。

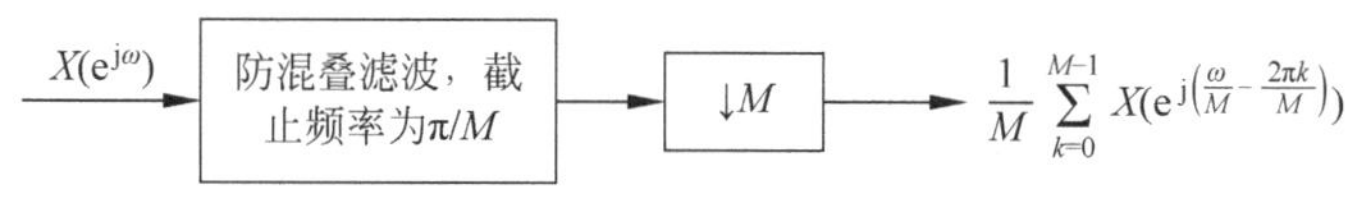

图 2.1 数字信号的下采样

对离散时间信号 $x(n)$进行 L 倍(L 为整数)插值得到 $x_{\mathrm{i}}(n)$,其步骤如下。

(1) 构造信号 $x_{\mathrm{e}}(n)$:

$$x_{\mathrm{e}}(n)=\begin{cases}x\left(\dfrac{n}{L}\right), & n=kL,k\in\mathbf{Z}\\ 0, & \text{其他}\end{cases}\tag{2-18}$$

(2) 对 $x_{\mathrm{e}}(n)$进行理想插值,即 $x_{\mathrm{i}}(n)=x_{\mathrm{e}}(n)\ \mathrm{sinc}(n/L)$,由于

$$x_{\mathrm{e}}(n)=\sum_{k=-\infty}^{+\infty}x(k)\delta(n-kL)\tag{2-19}$$

$$x_{\mathrm{i}}(n)=\sum_{k=-\infty}^{+\infty}x(k)\mathrm{sinc}\left(\frac{n-kL}{L}\right)\tag{2-20}$$

(3) 对信号 $x_{\mathrm{i}}(n)$施加防混叠滤波,将其最高频率限制在 π/L 以内。低通滤波滤除 $L-1$ 个重复的频率分量,信号总能量变成原来的 $1/L$,所以低通滤波器的通带幅频响应不为 1,而是 L,保证信号的能量不变。

若信号 $x(n)$的离散时间傅里叶变换为 $X(\mathrm{e}^{\mathrm{j}\omega})$,则信号 $x_{\mathrm{i}}(n)$的离散时间傅里叶变换为 $X(\mathrm{e}^{\mathrm{j}\omega L})$,相当于在频域进行了 L 倍的压缩。上采样过程可以用图 2.2 表示。

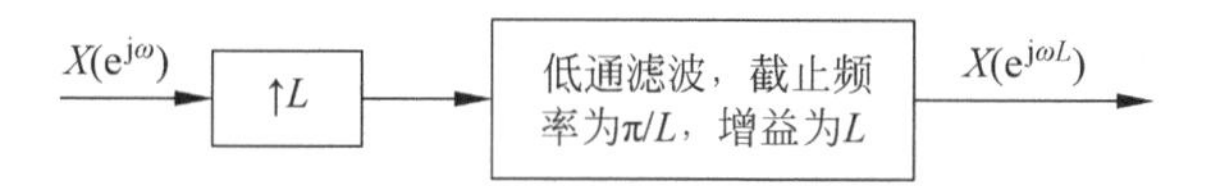

图 2.2 数字信号的上采样

非理想插值方法还有最近邻插值、线性插值、三次插值、样条插值等。MATLAB 中可以采用 interp1()函数进行操作。

12. 信号的理想重构*

(1) 对信号 $x(n)$进行 M 次滤波得到 $r_k(n)$,M 个带通滤波器的频率响应分别为

$$H_k(\mathrm{e}^{\mathrm{j}\omega})=\begin{cases}1, & \dfrac{(k-1)\pi}{M}\leqslant|\omega|<\dfrac{k\pi}{M}, \quad k=1,2,\cdots,M\\ 0, & \text{其他}\end{cases}\tag{2-21}$$

(2) 对滤波后的信号 $r_k(n)$进行 M 倍下采样得到 $x_k(n)$;

(3) 对下采样后的信号 $x_k(n)$进行 M 倍上采样得到 $g_k(n)$;

(4) 对上采样后的信号 $g_k(n)$分别用 M 倍增益的相同频率特性的带通滤波器进行滤波得到 $y_k(n)$;

(5) 将所有 $y_k(n)$求和得到重构后的信号 $y(n)$。整个流程如图 2.3 所示。

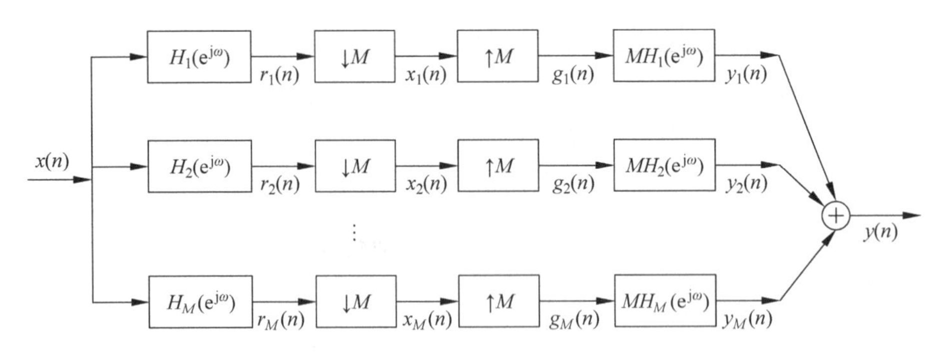

图 2.3 数字信号的重构流程

13. 插值函数 interp1()

作用：一维数据插值。

语法介绍：vq=interp1(x,v,xq)使用线性插值返回一维函数在特定查询点的插入值。向量 x 包含样本点，v 包含对应值 v(x)。向量 xq 包含查询点的坐标。vq=interp1(x,v,xq,method)指定备选插值方法：'linear'、'nearest'、'next'、'previous'、'pchip'、'cubic'、'v5cubic'、'makima' 或 'spline'。默认方法为'linear'。vq=interp1(v,xq)返回插入的值，并假定一个样本点坐标默认集。

2.1.2 信号运算及其结果绘制

1. 信号移位和翻转

例 2.1 设 $x(n)=[1,2,3,4,5,5,4,3,2,1]$且 $n=[0,1,2,3,4,5,6,7,8,9]$，给出信号 $x(n)$及其移位 $x(n-2)$、$x(n+2)$和翻转 $x(-n)$的 MATLAB 实现程序及图形。

```
n1 = 0:9;
x = [1,2,3,4,5,5,4,3,2,1];
subplot(2,2,1);
stem(n1,x,'filled','k');
grid on;
axis([ - 3,12,0,5]);
xlabel('n');
title('x(n)');
n2 = n1 + 2;
subplot(2,2,2);
stem(n2,x,'filled','k');
axis([ - 3,12,0,5]);
title('x(n - 2)');
xlabel('n');
```

```
grid on
n3 = n1 - 2;
subplot(2,2,3);
stem(n3,x, 'filled','k');
xlabel('n');
axis([ - 3,12,0,5]);
title('x(n + 2)');
grid on; n4 = - fliplr(n1);
subplot(2,2,4); grid on
stem(n4,fliplr(x),'filled','k');
axis([ - 12,3,0,5]);
xlabel('n'); title('x( - n)');
```

运行程序,结果如图 2.4 所示。

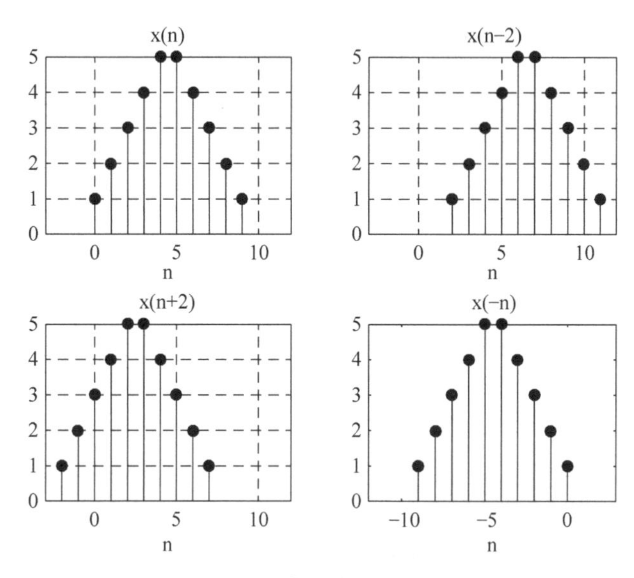

图 2.4 信号位移和翻转

2. 相同维数信号相加减

设两个离散信号 $x_1(n)$和 $x_2(n)$,将两信号相加得 $x(n)=x_1(n)+x_2(n)$,这实质上是对应样本之间的相加。在 MATLAB 中,可以用运算符“+”实现,但相加的两信号必须具有相同的长度,且应该保证它们是在相同的采样位置相加。

例 2.2 绘制 $x(n)=\delta(n-2)+\delta(n-4)$,$0<n<10$。

```
n1 = 0;n2 = 10;
n01 = 2;n02 = 4;n = n1:n2;
x1 = (n - n01) == 0;x2 = (n - n02) == 0;x3 = x1 + x2;
subplot(3,1,1);stem(n,x1);
```

```
axis([n1,n2,1.1 * min(x1),1.1 * max(x1)]);
title('\delta(n - 2)');subplot(3,1,2);
stem(n,x2);axis([n1,n2,1.1 * min(x2),1.1 * max(x2)]);
title('\delta(n - 4)');subplot(3,1,3);
stem(n,x3);axis([n1,n2,1.1 * min(x3),1.1 * max(x3)]);
title('\delta(n - 2) + \delta(n - 4)');
```

运行程序,结果如图 2.5 所示。

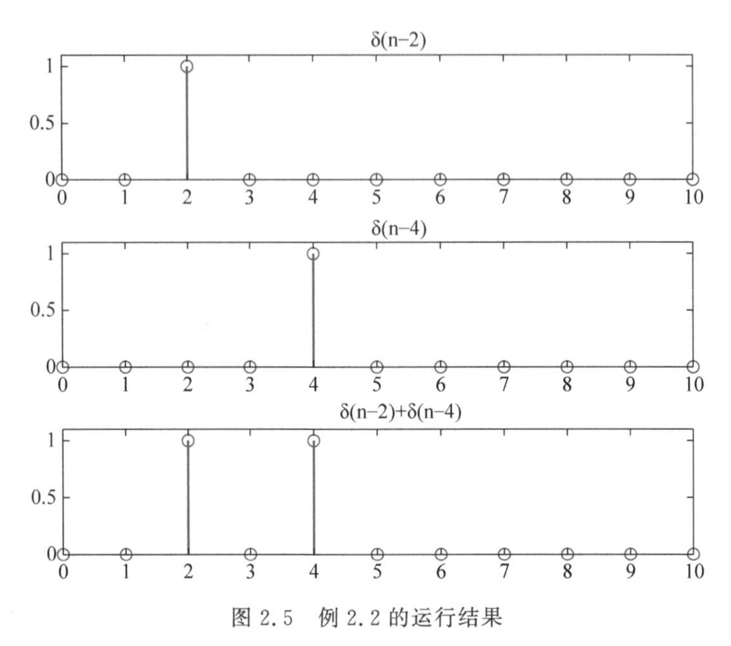

图 2.5 例 2.2 的运行结果

例 2.3 已知信号：$x_1(n)=u(n+2)$，$-4<n<6$，$x_2(n)=u(n-4)$，$-5<n<8$，绘制 $x(n)=x_1(n)+x_2(n)$。

```
n1 = - 3:5; n01 = - 2;
x1 = [(n1 - n01)> = 0];
n2 = - 4:7; n02 = 4;
x2 = [(n2 - n02)> = 0];
n = min([n1,n2]):max([n1,n2]);
N = length(n);
y1 = zeros(1,N); y2 = zeros(1,N);
y1(find((n> = min(n1))&(n< = max(n1)))) = x1;
y2(find((n> = min(n2))&(n< = max(n2)))) = x2;
x = y1 + y2;
stem(n,x,'filled');
axis([min(n),max(n),1.1 * min(x),1.1 * max(x)]);
xlabel('n'); ylabel('x_1(n) + x_2(n)');
```

运行程序,结果如图 2.6 所示。

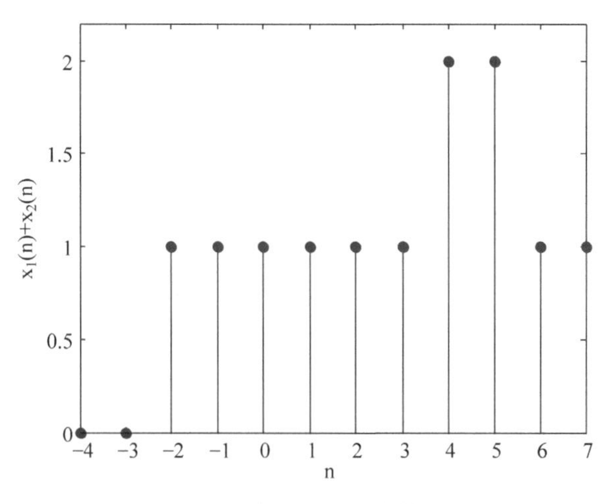

图 2.6　例 2.3 的运行结果

3. 信号相乘

两个信号中相同序号 n(或同一时刻)的信号值逐项对应相乘。两个信号的长度可能不相同,所以在计算前要统一信号长度。另外,注意 *(矩阵乘)和. *(代数乘)的意义不同。

例 2.4　已知信号：$x_1(n)=3e^{-0.25n}$,$-4<n<10$,$x_2(n)=u(n+1)$,$-2<n<6$,绘制 $x(n)=x_1(n)\cdot x_2(n)$。

```
n1 = - 3:9;x1 = 3. * exp( - 0.25. * n1);
n2 = - 1:5;n02 = - 1;x2 = (n2 - n02)> = 0;
n = min([n1,n2]):max([n1,n2]); N = length(n);
y1 = zeros(1,N); y2 = zeros(1,N);
y1(find((n> = min(n1))&(n< = max(n1)))) = x1;
y2(find((n> = min(n2))&(n< = max(n2)))) = x2;
x = y1. * y2;subplot(3,1,1);
stem(n1,x1);title('x_1');subplot(3,1,2);
stem(n2,x2);title('x_2');subplot(3,1,3);
stem(n,x);title('x_1 * x_2');
```

运行程序,结果如图 2.7 所示。

4. 信号的抽样和插值

对于给定的离散信号 $x(n)$,信号 $x(Mn)$是 $x(n)$每隔 M 点取一点形成的,相当于时间轴 n 压缩了 M 倍；反之,信号 $x(n/M)$是 $x(n)$作 M 倍的插值而形成的,相当于时间轴 n 扩展了 M 倍。

例 2.5　已知信号 $x(n)=\sin(2\pi n)$,求 $x(2n)$和 $x(n/2)$的信号波形。为研究问题的方便,取 $0\leqslant n\leqslant 20$,并将 n 缩小为$\frac{1}{20}$进行波形显示。

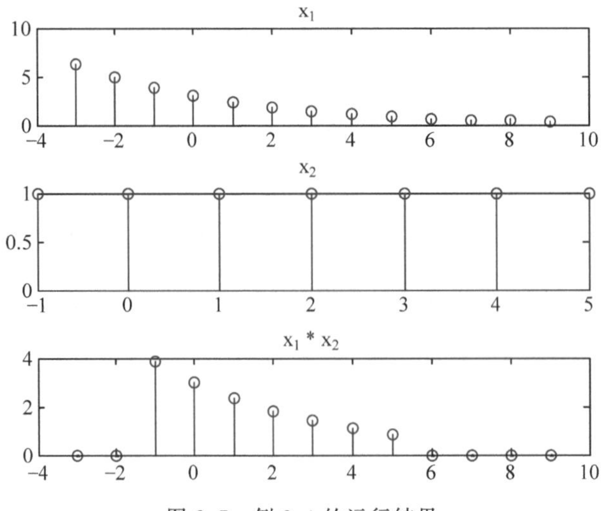

图 2.7 例 2.4 的运行结果

```
n = (0:20)/20; x = sin(2 * pi * n);
x1 = sin(2 * pi * n * 2); x2 = sin(2 * pi * n/2);
subplot(3,1,1);
stem(n,x,'filled');title('x(n)');
subplot(3,1,2);
stem(n,x1,'filled');title('x(2n)');
subplot(3,1,3);
stem(n,x2,'filled');title('x(n/2)');
```

运行程序,结果如图 2.8 所示。

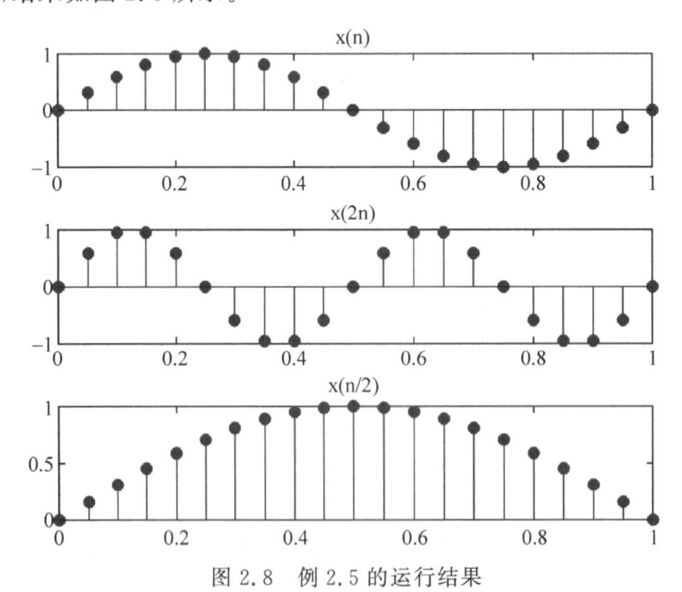

图 2.8 例 2.5 的运行结果

5. 信号的卷积

卷积又称线性卷积或卷积和，求卷积的方法很多，如图解法、解析法、Z 变换法、傅里叶变换法、离散傅里叶变换法等。MATLAB 中的 conv()函数可以完成 2 个离散时间信号的卷积。

例 2.6 计算信号 $u(n)$和 $u(n+5)-u(n-5)$的卷积。

```
n1 = - 5:5; n2 = 0:10;
x1n = ones(1,length(n1)); x2n = ones(1,length(n2));
yn = conv(x1n,x2n); subplot(3,1,1);stem(n1,x1n);
title('x_1(n)');
subplot(3,1,2);stem(n2,x2n);
title('x_2(n)');subplot(3,1,3);
stem((min(n1) + min(n2)):(max(n1) + max(n2)),yn);
title('x_1(n) \otimes x_2(n)');
```

运行程序，结果如图 2.9 所示。

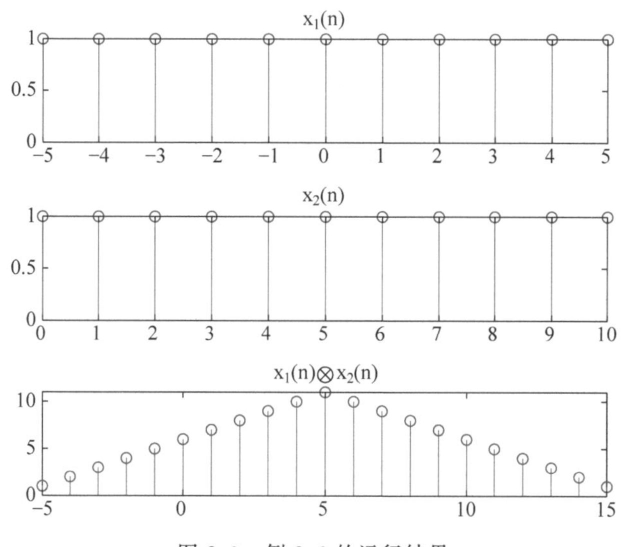

图 2.9 例 2.6 的运行结果

2.2 实验示例

例 2.7 建立初始函数 $x(n)$，并绘制波形 $x(n)=0.5^n u(n)$。

```
n = 1:10; a1 = 0.5; x1 = a1.^n; stem(n,x1);
xlabel('n');title('x(n) = 0.5^nu(n)');
```

运行程序,结果如图 2.10 所示。

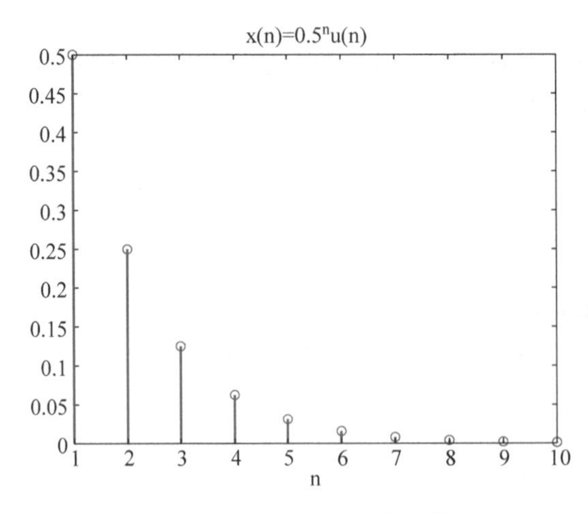

图 2.10　例 2.7 的运行结果

例 2.8　移位：将例 2.7 中的信号 $x(n)$左移 2 位,并与之比较。

```
n = 1:10;
a1 = 0.5;
x1 = a1.^n;
subplot(2,1,1);stem(n,x1);
title('x(n)');ylabel('value');grid on
n0 = 2;
n1 = n - n0;
x2 = a1.^n1;
subplot(2,1,2); stem(n1,x2);
title('x(n - 2)');ylabel('value');
xlabel('n');grid on
```

运行程序,结果如图 2.11 所示。

例 2.9　将例 2.7 中的信号 $x(n)$以原点为中心进行翻转。

```
n = 1:10;
a1 = 0.5;
x1 = a1.^n;
n1 = - n;
y = a1.^( - n1);
subplot(2,1,1);stem(n,x1);
xlabel('n'); title('x(n)');
ylabel('value');grid on
subplot(2,1,2);stem(n1,y);
xlabel('n');title('x( - n)');
ylabel('value');grid on
```

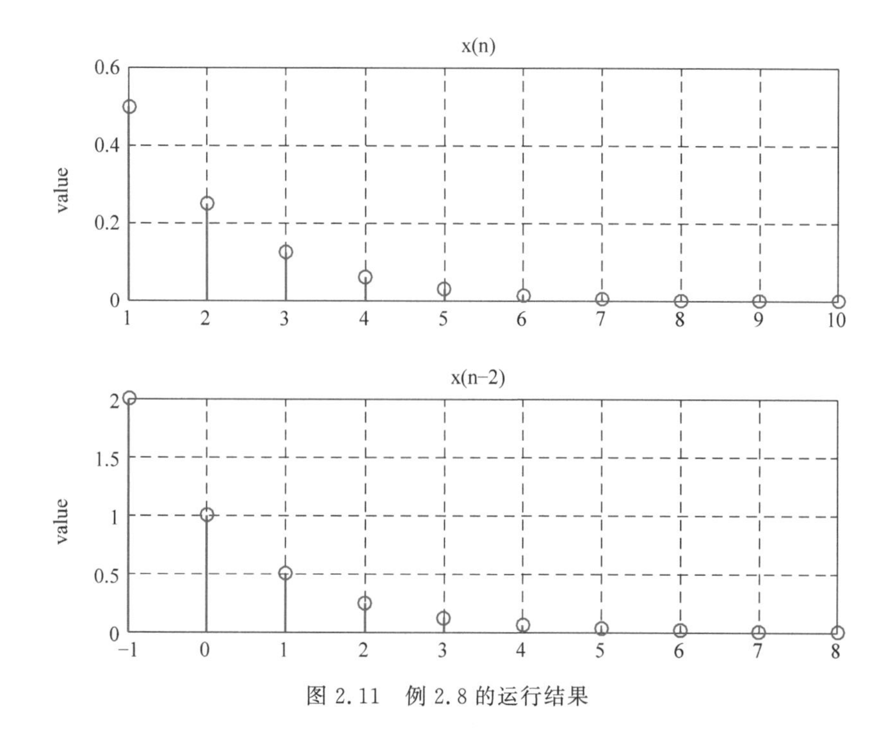

图 2.11　例 2.8 的运行结果

运行程序,结果如图 2.12 所示。

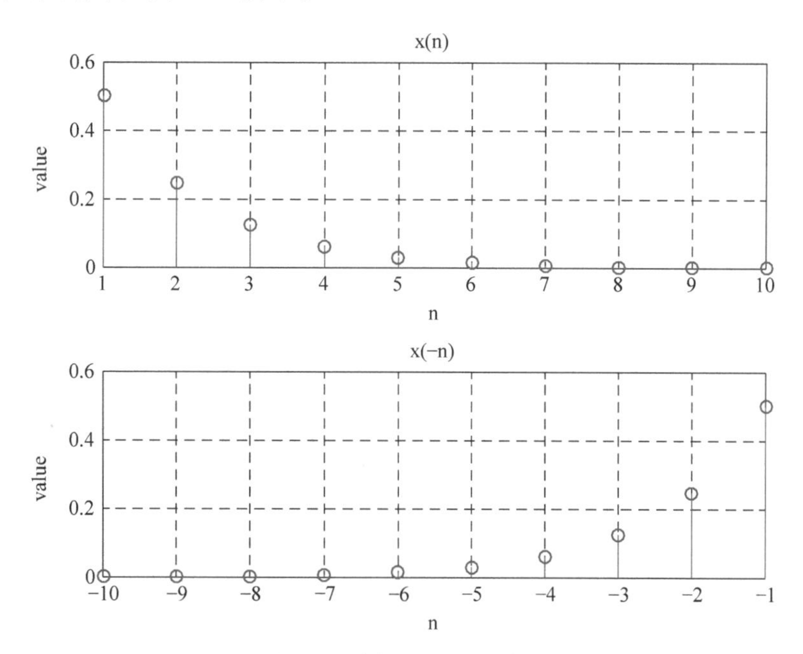

图 2.12　例 2.9 的运行结果

例 2.10　标量加：将例 2.7 中的信号 $x(n)$的每个样本值都加上 3。

```
n = 1:10;
a1 = 0.5;
x1 = a1.^n;
subplot(2,1,1);
stem(n,x1);
xlabel('n'); title('x(n)');
ylabel('value');grid on
a = 3;
x3 = a + x1;
subplot(2,1,2);stem(x3);
xlabel('n');ylabel('value');grid on
```

运行程序,结果如图 2.13 所示。

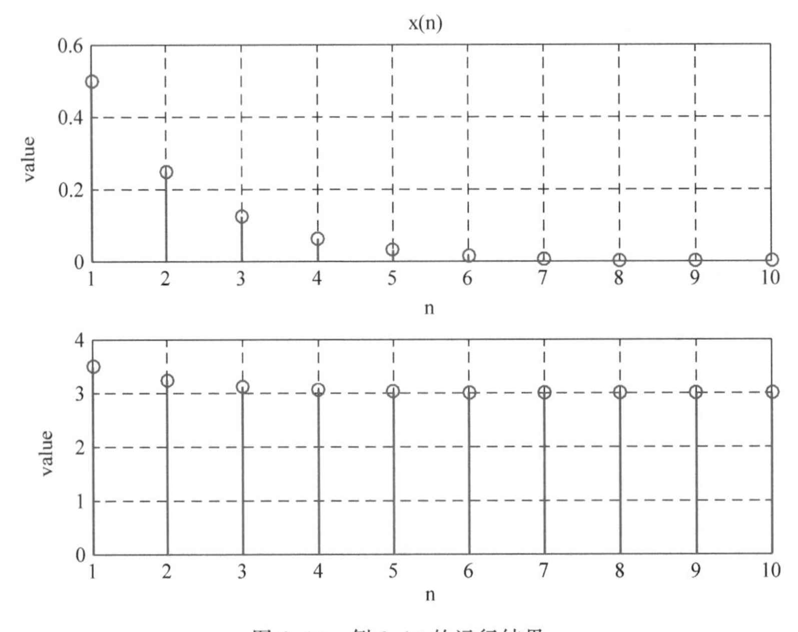

图 2.13　例 2.10 的运行结果

例 2.11　矢量加：将例 2.7 中的信号 $x(n)$与信号 $y(n)=2n$ 相加。

```
n = 1:10;
a1 = 0.5;
x1 = a1.^n;
y = 2 * n;
x2 = x1 + y;
subplot(2,1,1); stem(n,x1);
title('x(n)'); xlabel('n');
ylabel('value');grid on
subplot(2,1,2);
```

```
stem(x2);
title('x(n) + y(n)'); xlabel('n');
ylabel('value');grid on
```

运行程序,结果如图 2.14 所示。

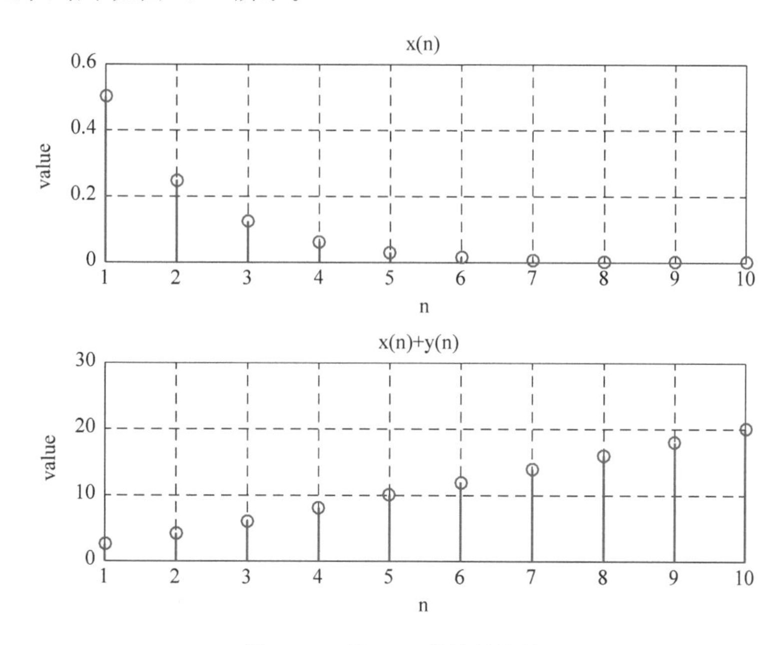

图 2.14 例 2.11 的运行结果

例 2.12 标量乘：将例 2.7 中的信号 $x(n)$每个样本值都乘以 2。

```
n = 1:10;
a1 = 0.5;
x1 = a1.^n;
y = 2 * x1;
subplot(2,1,1);stem(n,x1);
title('x(n)');
ylabel('value');grid on
subplot(2,1,2);
stem(y);
title('x(n) * 2');
ylabel('value');grid on
```

运行程序,结果如图 2.15 所示。

例 2.13 矢量代数相乘：将例 2.7 中的信号 $x(n)$与信号 $y(n)=2n$ 相乘。

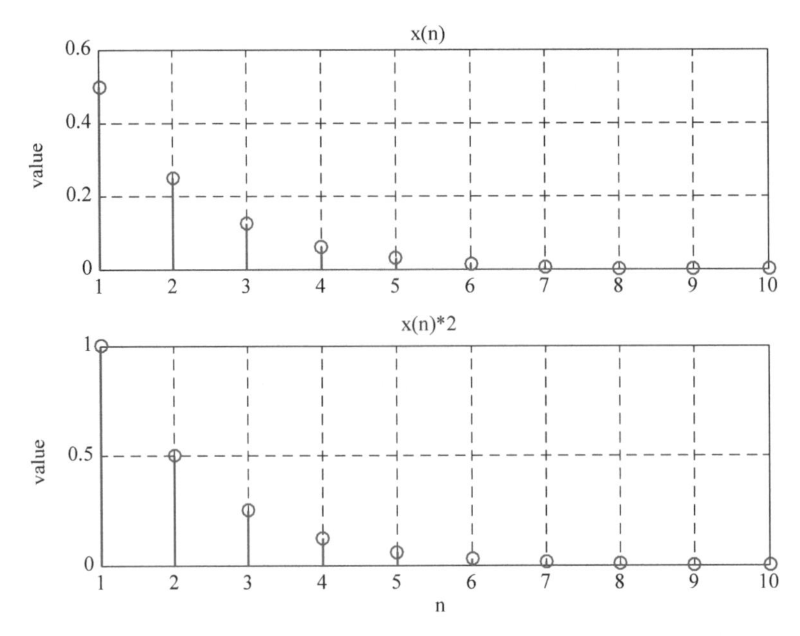

图 2.15　例 2.12 的运行结果

```
n = 1:10;
a1 = 0.5;
x1 = a1.^n;
y  =  2 * n;
x5 = x1. * y;
subplot(2,1,1); stem(n,x1);
xlabel('n'); ylabel('value');
title('x(n)'); grid on
subplot(2,1,2); stem(x5); xlabel('n');
title('x(n) * y(n)'); grid on
ylabel('value');
```

运行程序,结果如图 2.16 所示。

例 2.14　已知离散时间信号,利用 conv()函数求解信号卷积和:

$$f_1(k)=\begin{cases}1, & 0\leqslant k\leqslant 2\\ 0, & \text{其他}\end{cases},\quad f_2(k)=\begin{cases}1, & k=1\\ 2, & k=2\\ 3, & k=3\\ 0, & \text{其他}\end{cases}$$

求上述两信号的卷积和。

```
k1 = 3; k2 = 3; k = k1 + k2 - 1; f1 = [1,1,1];
f2 = [0,1,2,3];f = conv(f1,f2);
nf = 0:k; stem(nf,f,' * b'); grid on
xlabel('n'); ylabel('f(n)');title('卷积结果');
```

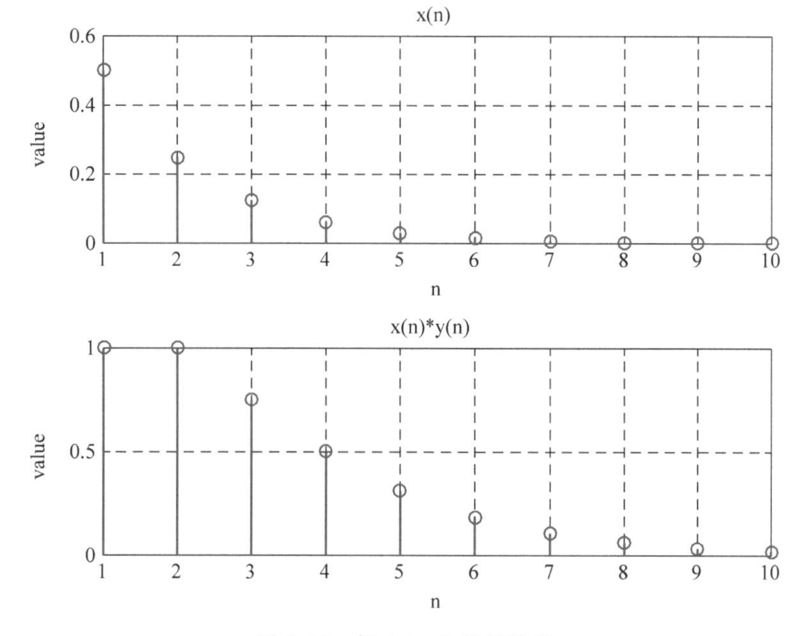

图 2.16　例 2.13 的运行结果

运行程序,结果如图 2.17 所示。

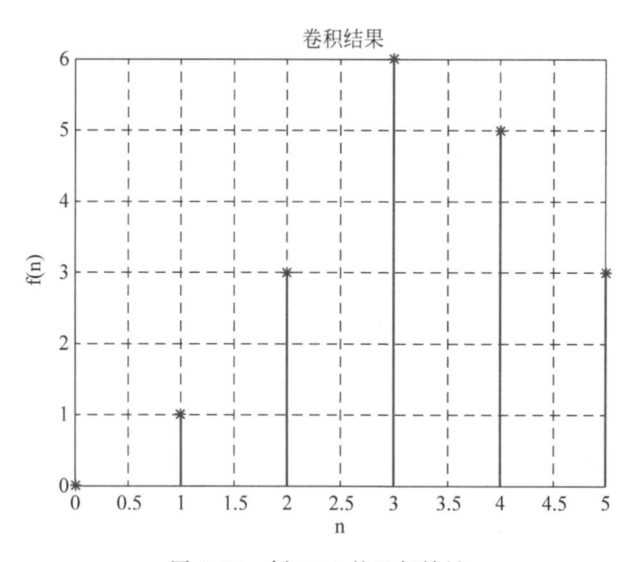

图 2.17　例 2.14 的运行结果

例 2.15　已知离散线性时不变系统输入为

$$x(n)=\begin{cases}1, & 0\leqslant n\leqslant 4\\ 0, & \text{其他}\end{cases}$$

系统的单位样值响应为

$$h(n)=\begin{cases}1/2, & 0\leqslant n\leqslant 4\\ 0, & \text{其他}\end{cases}$$

求系统的零状态响应。

(1) 手工计算结果。

根据系统的线性时不变特性,响应 $y(n)=x(n)\otimes h(n)$。

n	−4	−3	−2	−1	0	1	2	3	4	5	6	7	8
$x(m)$					1	1	1	1	1				
$h(0-m)$	0.5	0.5	0.5	0.5	0.5								
$h(1-m)$		0.5	0.5	0.5	0.5	0.5							
$h(2-m)$			0.5	0.5	0.5	0.5	0.5						
…													
$h(7-m)$								0.5	0.5	0.5	0.5	0.5	
$h(8-m)$									0.5	0.5	0.5	0.5	0.5
$y(n)$					0.5	1	1.5	2	2.5	3	2.5	2	1.5

(2) 图解法 MATLAB 程序实现。

```
n = 0:9;x = zeros(1,length(n));
x(find((n >= 0)&(n <= 4))) = 1;h = zeros(1,length(n));
h(find((n >= 0)&(n <= 4))) = 0.5;
subplot(3,2,1);stem(n,x,'*k'); grid on
xlabel('n');title('x(n)');subplot(3,2,3);
stem(n,h,'b'); grid on;xlabel('n');title('h(n)');
n1 = fliplr(-n);h1 = fliplr(h);
subplot(3,2,5); stem(n,x,'*k'); grid on
hold on;stem(n1,h1,'b'); grid on
xlabel('n');title('h(-n)');h2 = [0,h1];
n2 = [n1,n1(length(n1)) + 1];subplot(3,2,2);
stem(n,x,'*k'); grid on;xlabel('n');hold on;
stem(n2,h2,'b'); grid on;xlabel('n');
title('h(-n)右移一个单位');h3 = [0,h2];
n3 = [n2,n2(length(n2)) + 1];subplot(3,2,4);
stem(n,x,'*k'); grid onhold on;stem(n3,h3,'b');
grid on;xlabel('n');title('h(-n)右移两个单位');
y = conv(x,h);subplot(3,2,6);
stem(n,y(1:length(n)),'filled');
xlabel('n');grid on;title('卷积结果');
```

运行程序,结果如图 2.18 所示。

(3) 用函数直接计算。

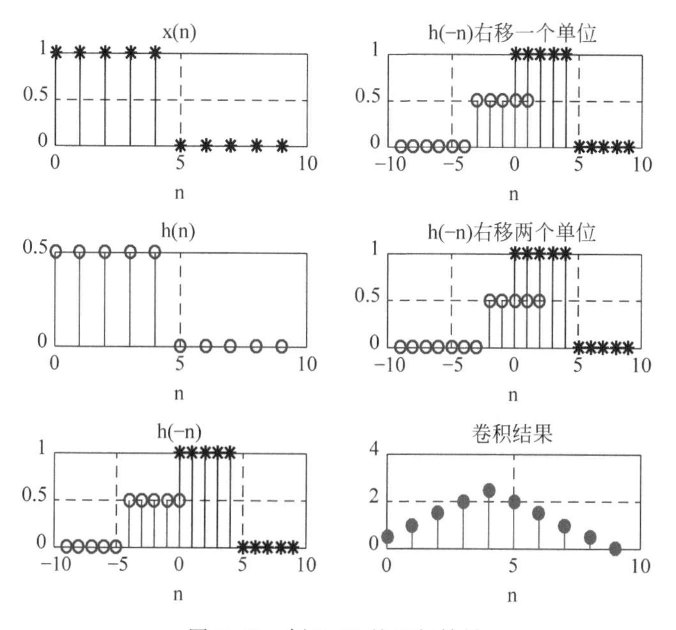

图 2.18 例 2.15 的运行结果

```
a = [1,1,1,1,1];
b = [0.5,0.5,0.5,0.5,0.5];
conv(a,b)
ans = 0.5000    1.0000    1.5000    2.0000    2.5000    2.0000    1.5000    1.0000
  0.5000
```

例 2.16 已知某离散时间信号表达式如下，计算 $x(n)$的自相关。

$$x(n)=\begin{cases}2n+10, & -5<n<0\\ 6, & -1<n<5\\ 0, & 其他\end{cases}$$

```
n = ( - 20:1:20);
x = (2 * n + 10). * (n > - 5 & n < 0) + 6. * (n > - 1 & n < 5);
[r,lags] = xcorr(x);
stem(lags,r,'filled','MarkerSize',5,'LineWidth',1);
title('x(n) autocorrelation');
xlabel('Offset')
ylabel('Autocorrelation function value');grid on
```

运行程序，结果如图 2.19 所示。可见函数信号 $x(n)$的自相关关于 y 轴对称。

例 2.17 已知信号 $x(n)$的每个值都是质数，即 $x(n)=\{2,3,5,7,11,13,17,\cdots\}$。从第一个数值 2 开始，在每 2 个数值之间插入一个新的数值。新数值的计算方法是取原信号前后各 1 个数值的算术-几何平均值，然后绘制插入数据后的信号前 100 个数据的曲

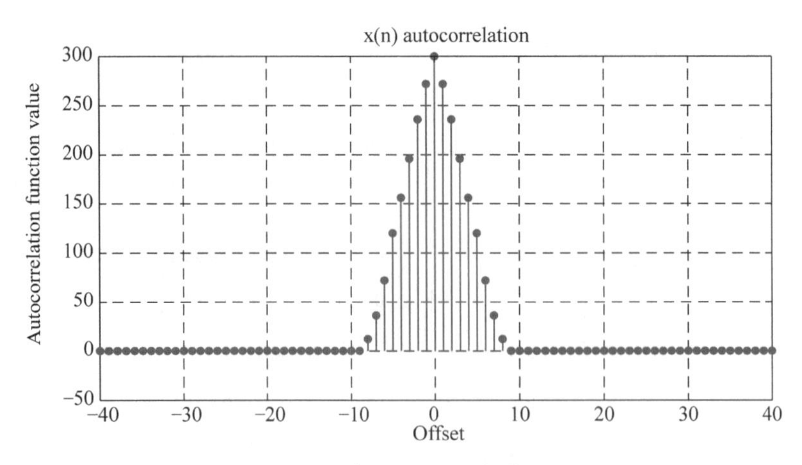

图 2.19 例 2.16 的运行结果

线。算术-几何平均是一种特殊平均，即算术平均值与几何平均值的合成平均值。设 $a_0=a>b=b_0>0, a_n=\frac{1}{2(a_{n-1}+b_{n-1})}, b_n=\sqrt{a_{n-1}\cdot b_{n-1}}$，则 a_n 和 b_n 有共同的极限，这个极限称为 a、b 的算术-几何平均，一般记为 AMG(a,b)。

```
function re = agm(a,b)
    err = 1e - 4;
    digits(8); % 控制精度
    re = 0; a1 = []; b1 = [];
    a1(1) = (a + b)/2;
    b1(1) = sqrt(a * b);
    for i = 2:100
        a1(i) = vpa((a1(i - 1) + b1(i - 1))/2);
        b1(i) = vpa(sqrt(a1(i - 1) * b1(i - 1)));
    end
    if (abs(a1(i) - b1(i)) <= err)
        digits(8);
        re = vpa(a1(i));
    end
a = []; b = []; c = [];
for i = 2 : 1000 % i 的初值为 2,终值为 1000
    if isprime(i)
         a = [a i]; b = [b i];
    end
end
for i = 1:60
    c(i) = agm(b(i),b(i + 1));
end
for n = 0:50
    a = [a(1:(1 + 2 * n)) c(n + 1) a((2 + 2 * n):150)];
```

```
end
x = 1:100; n = 2:2:100; a = a(1:100)
plot(x,a(1,:),'r',x,b(1:100),'b',n,a(2:2:100),'*');
title('插入数据后的数组前 100 个数据的曲线(算术 - 几何平均值)')
xlabel('n'); ylabel('a[n]'); grid on;
```

运行程序,结果如图 2.20 所示。

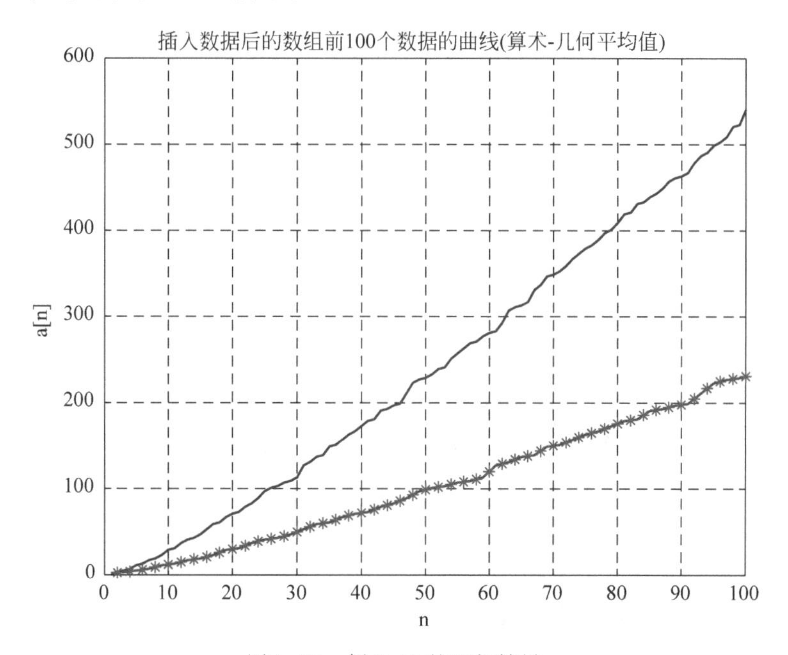

图 2.20 例 2.17 的运行结果

例 2.18 MATLAB 提供的 conv()函数只能对起点为零的信号进行卷积运算。编写一个函数 conv_m()对起点非零的两个离散信号进行卷积,用如下两个信号验证。

$$x_1(n)=\{3,11,7,\dot{0},-1,4,2\},\quad x_2(n)=\{2,\dot{3},0,-5,2,1\}$$

```
function [y,ny] = conv_m(x1,n1,x2,n2)
    nyb = n1(1) + n2(1);
    nye = n1(length(x1)) + n2(length(x2));
    ny = [nyb:nye];
    y = conv(x1,x2);
x1 = [3,11,7,0,-1,4,2]; n1 = -3:3;
x2 = [2,3,0,-5,2,1]; n2 = -1:4;
[y,ny] = conv_m(x1,n1,x2,n2);
stem(ny,y); title('例 2.18');
xlabel('n'); ylabel('value'); grid on
```

运行程序,结果如图 2.21 所示。

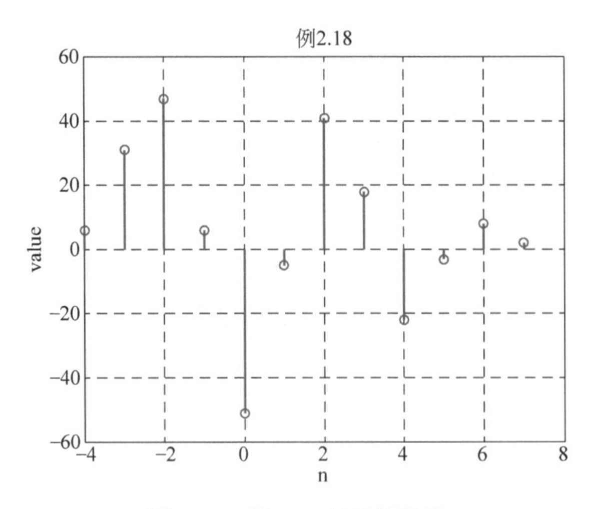

图 2.21　例 2.18 的运行结果

2.3　练习题

2.1　先手工计算题图 2.1 中两组信号的卷积和，再用 MATLAB 编程验证。

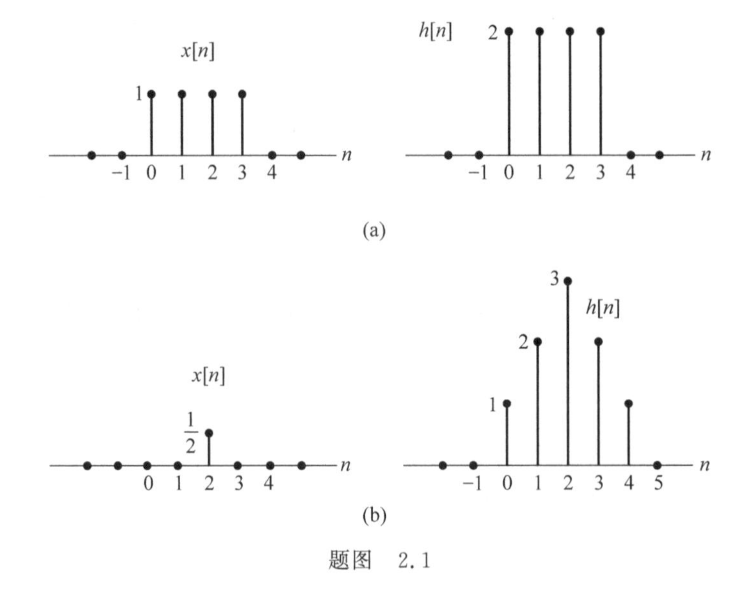

题图　2.1

2.2　对题图 2.2 中三个离散信号，通过手工计算，验证卷积和的交换律和分配律，并用 MATLAB 编程验证。

2.3　已知某离散时间信号的分段解析形式为 $x(n)=\begin{cases}2n+10, & -5<n<0\\ 6, & -1<n<5\\ 0, & \text{其他}\end{cases}$

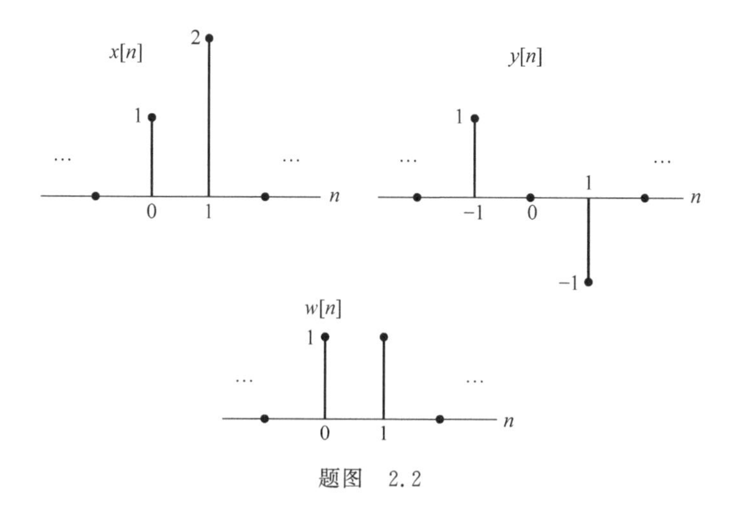

题图 2.2

(1) 计算 $x(n)$的自相关并绘制结果，判断其对称性；

(2) 分别计算 $x(n-1)$和 $x(n+2)$的自相关并绘制结果，判断其对称性；

(3) 分别计算 $x(n-1)$和 $x(n+2)$，$x(n+2)$和 $x(n-1)$的互相关并绘制结果，看看有什么规律；

(4) 分别计算 $x(n)$和 $R_5(n)$，$x(n-1)$和 $R_5(n)$，$x(n+2)$和 $R_5(n)$的卷积并绘制结果，看看有什么规律；

(5) 分别写出 $x_e=\dfrac{x(n)+x(-n)}{2}$和 $x_o=\dfrac{x(n)-x(-n)}{2}$的分段解析形式并绘制结果，判断其对称性。随后，通过数值验证：

$$\sum_{-\infty}^{+\infty}x^2(n)=\sum_{-\infty}^{+\infty}x_o^2(n)+\sum_{-\infty}^{+\infty}x_e^2(n)$$

2.4 已知频率响应为 $H_0(e^{j\omega})$的理想低通滤波器和频率响应为 $H_1(e^{j\omega})$的理想高通滤波器满足 $H_1(e^{j\omega})=H_0(e^{j(\omega+\pi)})$，信号 $x(n)$经过如题图 2.4.1 处理得到 $y(n)$：

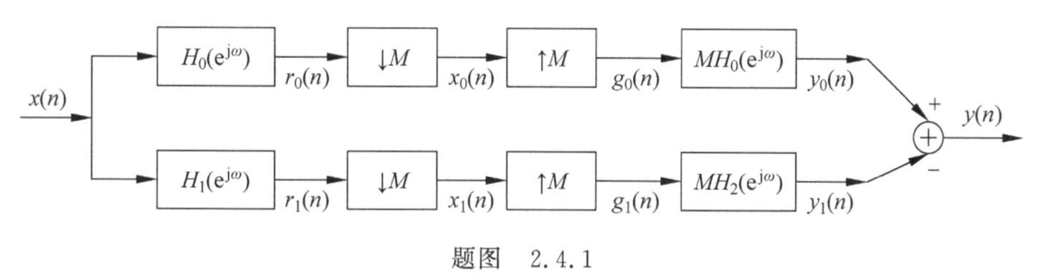

题图 2.4.1

(1) 若信号 $x(n)$的离散频谱 $X(e^{j\omega})$和理想低通滤波器频率响应 $H_0(e^{j\omega})$如题图 2.4.2 所示，绘制信号 $x_0(n)$的离散频谱 $X_0(e^{j\omega})$，信号 $g_0(n)$的离散频谱 $G_0(e^{j\omega})$以及信号 $y(n)$的离散频谱 $Y(e^{j\omega})$；

(2) 用 $X(e^{j\omega})$和 $H_0(e^{j\omega})$表示 $G_0(e^{j\omega})$，用 $X(e^{j\omega})$和 $H_0(e^{j\omega})$表示 $G_1(e^{j\omega})$；

(3) 若信号 $x(n)$ 因果且稳定，$H_0(e^{j\omega})$ 满足什么条件时，$Y(e^{j\omega})=AX(e^{j\omega})$，其中 A 为非零常数。

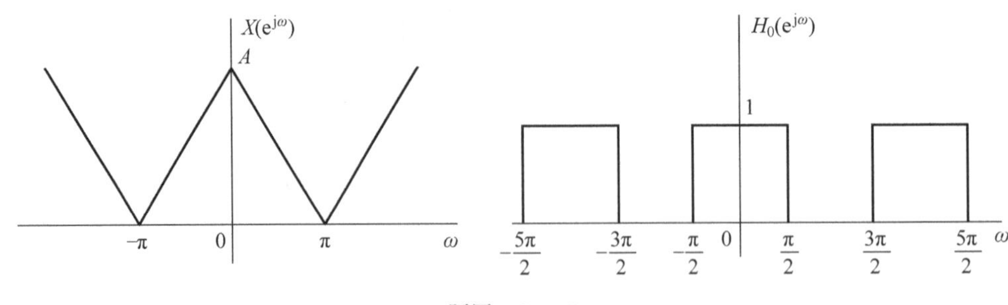

题图 2.4.2

2.5 已知信号 $x(n)$ 为稳定的复数信号，没有任何时域对称性，信号 $y_0(n)$、信号 $y_1(n)$、信号 $y_2(n)$ 由信号 $x(n)$ 经过如题图 2.5.1 的过程处理得到。

(1) 若已知 $H_0(z)=1, H_1(z)=z^{-1}, H_2(z)=z^{-2}$，如何由信号 $y_0(n)$、信号 $y_1(n)$ 和信号 $y_2(n)$，重构信号 $x(n)$？

(2) 若已知滤波器 $H_0(e^{j\omega})=\begin{cases}1, & |\omega|\leqslant\dfrac{\pi}{3}\\ 0, & 其他\end{cases}$，滤波器 $H_1(e^{j\omega})=\begin{cases}1, & \dfrac{\pi}{3}\leqslant|\omega|<\dfrac{2\pi}{3}\\ 0, & 其他\end{cases}$，

滤波器 $H_2(e^{j\omega})=\begin{cases}1, & \dfrac{2\pi}{3}\leqslant|\omega|<\pi\\ 0, & 其他\end{cases}$，如何由信号 $y_0(n)$、信号 $y_1(n)$ 和信号 $y_2(n)$ 重构信号 $x(n)$？

(3) 若 $H_3(e^{j\omega})=1, H_4(e^{j\omega})=\begin{cases}1, & 0\leqslant\omega<\pi\\ -1, & -\pi\leqslant\omega<0\end{cases}$，经过如题图 2.5.2 的过程处理，如何由信号 $y_3(n)$ 和信号 $y_4(n)$ 重构信号 $x(n)$？

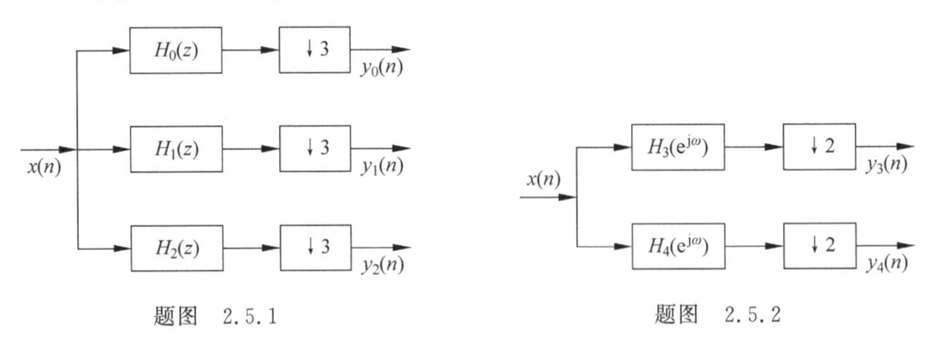

题图 2.5.1　　　　题图 2.5.2

2.6 某连续时间信号 $x_c(t)$ 的频谱 $X_c(j\Omega)$ 如题图 2.6(a)所示，以 T_1 为间隔采样后得到信号 $x_1(n)$，其频谱 $X_1(e^{j\omega})$ 如题图 2.6(b)所示。

(1) 显然以 T_1 为间隔采样后发生了混叠，计算不发生混叠的最大采样间隔 T_2，用 T_1 表示 T_2，并绘制以 T_2 为间隔采样后得到信号的频谱 $X_2(e^{j\omega})$；

(2) 绘制对信号 $x_2(n)$进行 T_2/T_1 有理数变采样率后的信号 $x_3(n)$的频谱 $X_3(e^{j\omega})$,是否有混叠?

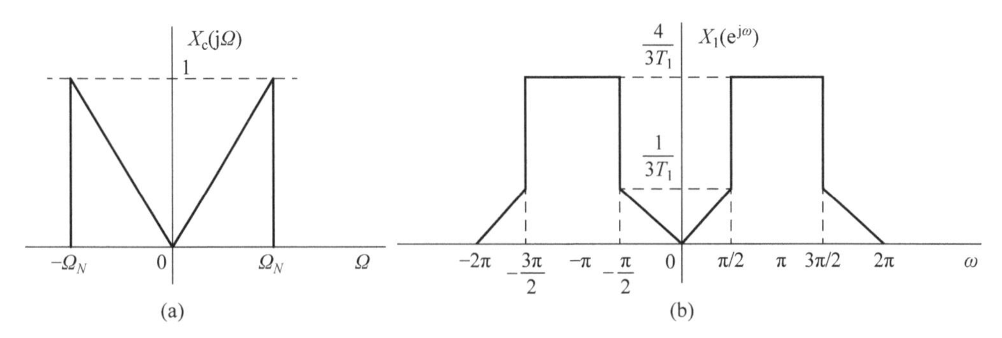

题图 2.6

第3章 离散时间系统的响应

3.1 基础理论及相关 MATLAB 函数语法介绍

3.1.1 基础理论

1. 差分方程的时域求解

若离散时间系统差分方程为

$$\sum_{k=0}^{N} a_k y(n-k) = \sum_{r=0}^{M} b_r x(n-r) \tag{3-1}$$

先求得 N 个特征根 C_k，$k=1,2,\cdots,N$，从而得到非重根时的齐次解：

$$y(n) = \sum_{k=1}^{N} C_k \alpha_k^n \tag{3-2}$$

和 L 次重根时的齐次解：

$$y(n) = \sum_{k=1}^{L} C_k n^{L-k} \alpha_k^n \tag{3-3}$$

然后求特解。对于自由项为 n^k 的多项式，其特解为 $D_0 n^k + D_1 n^{k-1} + \cdots + D_k$；对于自由项含有 a^n 且 a 不是齐次根时，则特解为 Da^n；对于自由项含有 a^n 且 a 是一阶齐次根时，则特解为 $(D_1 n + D_2)a^n$；对于自由项含有 a^n 且 a 是 k 阶齐次根时，则特解为 $(D_1 n^k + D_2 n^{k-1} + \cdots + D_{k+1})a^n$。

将特解代入差分方程求出待定系数 D_i，代入系统的初始状态求出待定系数 C_i，得到完全解，完全解=齐次解+特解。

2. 单位样值响应和阶跃响应的定义

当离散时间系统输入为单位样值信号且系统的初始状态全部为零时的系统响应，称为该系统的单位样值响应，用 $h(n)$ 表示。当离散时间系统输入为阶跃信号且系统的初始状态全部为零时的系统响应，称为该系统的阶跃响应，用 $g(n)$ 表示。当离散时间系统具有线性时不变属性时满足如下关系：

$$h(n) = g(n) - g(n-1) \tag{3-4}$$

3.1.2 相关的 MATLAB 函数语法介绍

1. 卷积和的求解函数

作用1：多项式乘法。

语法介绍：

(1) w=conv(u,v)，返回向量 u 和 v 的卷积。如果 u 和 v 是多项式系数的向量，对其卷积与将这两个多项式相乘等效。向量 u 和 v 可具有不同的长度或数据类型。如果 u 和 v 是离散时间信号，长度分别为 N 和 M，则计算结果的长度为 M+N−1。当 u 或 v 的类型为 single 时，输出的类型为 single。否则，conv 会将输入类型转换为 double，并返回 double 类型。

(2) w=conv(u,v,shape)，返回如 shape 指定的卷积的分段。例如，conv(u,v,'same')仅返回与 u 等大小的卷积的中心部分，而 conv(u,v,'valid') 仅返回计算的没有补零边缘的卷积部分。

例 3.1 展开多项式$(s^2+2s+2)(s+4)(s+1)$。

```
w = conv([1,2,2],conv([1,4],[1,1]))
w =
     1     7    16    18     8
p = poly2str(w,'s')
p =
s^4 + 7 s^3 + 16 s^2 + 18 s + 8
```

作用 2：卷积运算。

例 3.2 求一个随机向量与一个已知向量的卷积。

```
a = randn(1,8); b = [ - 2 3  - 6];
conv(a,b)
ans =
    - 1.0753    - 2.0548    6.7933    - 19.5042    15.5021    - 1.6014    - 4.9685
      5.8601      3.6294   - 2.0557
```

2. 互相关运算的求解函数

语法介绍：

(1) r=xcorr(x,y)，返回两个离散时间信号的互相关。互相关测量向量 x 和移位(滞后)副本向量 y 之间的相似性，形式为滞后的函数。如果 x 和 y 的长度不同，函数会在较短向量的末尾添加零，使其长度与另一个向量相同。

(2) r=xcorr(x)，返回 x 的自相关信号。如果 x 是矩阵，则 r 也是矩阵，其中包含 x 的所有列组合的自相关和互相关信号。

(3) r= xcorr(___, maxlag)，将上述任一语法中的滞后范围限制为 −maxlag～maxlag。

(4) r=xcorr(___,scaleopt)，为互相关或自相关指定归一化选项。除 'none'(默认值)以外的任何选项都要求 x 和 y 具有相同的长度。

(5) [r,lags]=xcorr(___)，返回用于计算相关性的滞后。

3. 初始条件求解函数

作用：计算等效初始条件的输入向量。

语法介绍：Z=filtic(b,a,Y,X),其中 Y 和 X 是初始化条件向量。如果输入 $x(n)$ 是因果信号,则 $X=0$。若描述系统的差分方程为

$$a_1y(n)=b_1x(n)+\cdots+b_kx(n-k)-a_2y(n-1)-\cdots-a_my(n-m)$$

则 $\boldsymbol{b}=[b_1b_2\cdots b_k]$,$\boldsymbol{a}=[a_1a_2\cdots a_m]$。

4. 差分方程求解函数

作用：调用 filter 函数求解差分方程。

语法介绍：y=filter(b,a,x),计算输入向量 $x(n)$的零状态响应输出信号 $y(n)$,b 和 a 的说明与 filtic 函数中的说明相同。

y=filter(b,a,x,xi),计算全响应的函数。xi 是等效初始条件的输入信号,由初始条件确定,xi 的长度必须等于 max(length(a),length(b))−1。此时需要调用 filtic 函数：xi=filtic(b,a,ys,xs)。

其中 ys=[$y(-1)$,$y-2$,…,$y(-n)$],xs=[$x(-1)$,$x(-2)$,…,$x(-n)$] 是初始条件向量,另外若 $x(n)$为因果信号,也就是 xs=[]时,xs 可默认。

[y,zf]=filter(___),返回滤波器延迟的最终条件 zf。滤波器延迟的最终条件 zf,是一个长度为 max(length(a),length(b))−1 的列向量。

如果要将 filter 函数与来自 FIR 滤波器的 b 系数结合使用,请将参数 a 设置为 1,使用 y=filter(b,1,x)。

例 3.3 求解差分方程。

若 $y(n)-0.8y(n-1)=x(n)$,$x(n)=u(n)$,初始条件为 $y(-1)=1$。

```
b = [1];
a = [1, - 0.8];
x = ones(1,10);
Y = 1;
xic = filtic(b,a,Y);
y = filter(b,a,x,xic);
stem(0:length(y) - 1,y,'filled');
title('Example 3.3');
xlabel('n');
ylabel('Amplitude');
grid on
```

运行程序,结果如图 3.1 所示。

例 3.4 求解差分方程。

已知 $y(n)=0.81y(n-2)+x(n)+x(n-1)$,初始条件为 $y(-1)=2$,$y(-2)=2$,

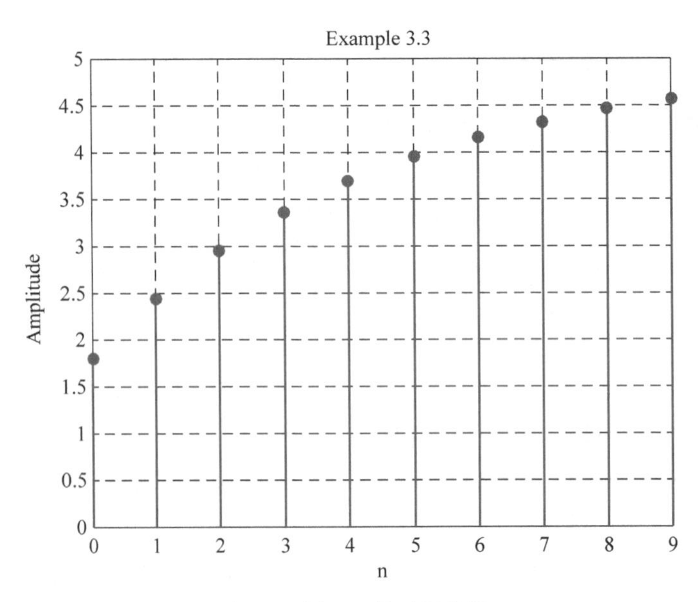

图 3.1　例 3.3 的运行结果

输入 $x(n)=0.7^n u(n)$。

```
b = [1,1]; n = 0:20;
a = [1,0, - 0.81];
Y = [2,2]; x = (0.7).^n;
xic = filtic(b,a,Y);
y = filter(b,a,x,xic);
stem(n,y,'filled');
title('Example 3.4');
xlabel('n');
grid on;
ylabel('Amplitude');
```

运行程序,结果如图 3.2 所示。

5. 单位样值响应和阶跃响应求解函数

impz()函数作用：求解差分方程所表示的离散时间系统的单位样值响应。

stepz()函数作用：求解差分方程所表示的离散时间系统的阶跃响应。

语法介绍：impz(b,a)绘制离散时间系统的单位样值响应,stepz(b,a)绘制离散时间系统的阶跃响应。b 和 a 的说明与 filtic()函数中的说明相同。

impz(sos)绘制以二阶矩阵参数形式描述的离散时间系统的单位样值响应,stepz(sos)绘制以二阶矩阵参数形式描述的离散时间系统的阶跃响应。

[h,t]= impz(___) 返回单位样值响应 h 和数字滤波器的相应采样时间 t,[h,t]= stepz(___) 返回阶跃响应 h 和数字滤波器的相应采样时间 t。

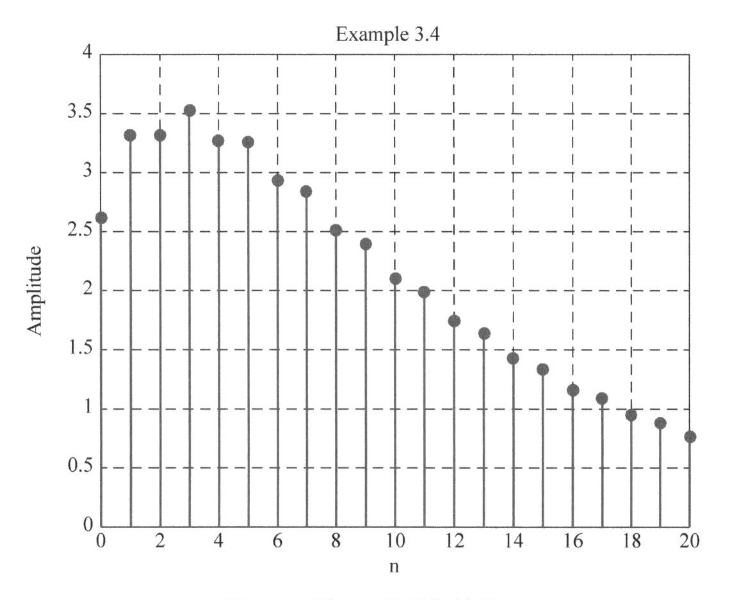

图 3.2 例 3.4 的运行结果

3.1.3 模拟工具 Simulink

Simulink 是 MATLAB 中的一种可视化仿真工具，是一种基于 MATLAB 的框图设计环境，是实现动态系统建模、仿真和分析的一个软件包，被广泛应用于线性系统、非线性系统、数字控制及离散时间信号处理的建模和仿真中。Simulink 提供一个动态系统建模、仿真和综合分析的集成环境。在该环境中，无须书写复杂的程序，而只需要通过简单直观的鼠标操作，就可构造出复杂的仿真系统。Simulink 与 MATLAB 相集成，能够在 Simulink 中将 MATLAB 算法融入模型，还能将仿真结果导出至 MATLAB 做进一步分析。

Simulink 可以用连续采样时间、离散采样时间或两种混合的采样时间进行建模，它也支持多速率系统，即系统中的不同部分具有不同的采样速率。为了创建动态系统模型，Simulink 提供了一个建立模型方块图的图形用户接口，这个创建过程只需单击和拖动鼠标就能完成，它提供了一种更快捷、直接明了的方式，而且用户可以立即看到系统的仿真结果。Simulink 工具界面如图 3.3 所示。

要在 Simulink 环境中进行信号处理系统建模，需要安装 DSPSystemToolbox 软件。DSPSystemToolbox 为信号处理系统的设计和仿真提供算法和工具。这些功能以 MATLAB 函数、MATLAB System object 和 Simulink 模块的形式提供。该系统工具箱包括专用 FIR 和 IIR 滤波器、FFT、多速率处理的设计方法，以及处理流数据和创建实时原型的 DSP 方法。可以设计自适应和多速率滤波器，使用计算效率高的架构实现滤波器，以及对浮点数字滤波器进行仿真。用于文件和设备的信号输入和输出、信号生成、频谱分析和交互式可视化的工具使用户能够分析系统行为和性能。对于快速原型和嵌入

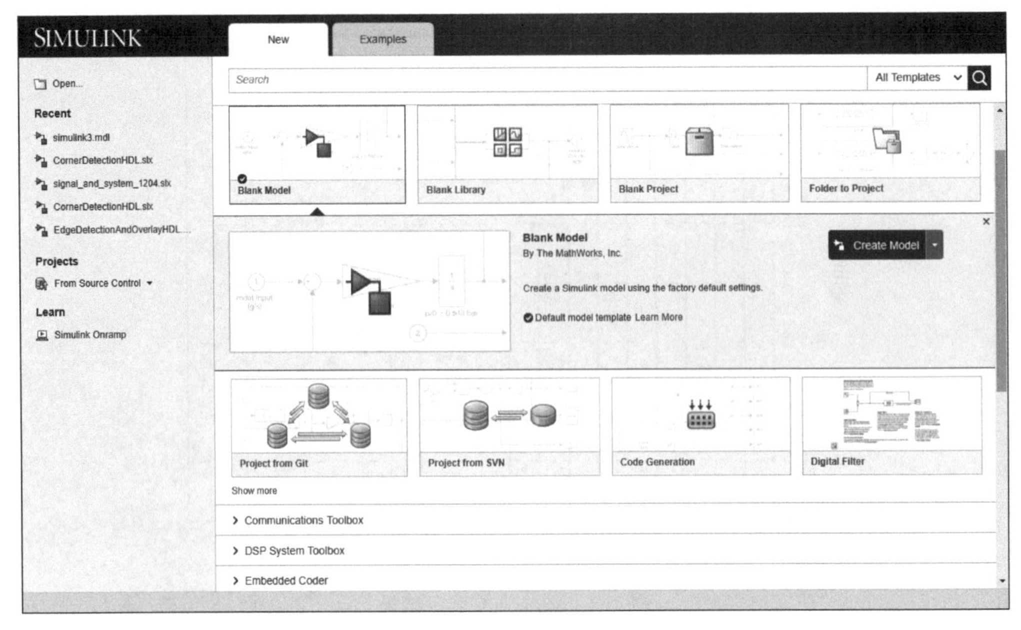

图 3.3　Simulink 工具界面

式系统设计,该系统工具箱支持定点算术和 C 或 HDL 代码生成。

3.2　实验示例

例 3.5　求解差分方程。

$$y(n)+2y(n-1)+y(n-2)=x(n)-x(n-1)+x(n-2)-x(n-3)$$

若 $x(n)=u(n)$,初始条件为 $x(-1)=1,x(-2)=-1,y(-1)=-1,y(-2)=1$。

```
b = [1, - 1,1, - 1];
a = [1,2,1];
x0 = [1, - 1,0];
y0 = [ - 1,1];
xic = filtic(b,a,y0,x0);
N = 20;
n = 0:N - 1;
xn = ones(1,N);
yn = filter(b,a,xn,xic);
stem(n,yn);
title('Example 3.5');
xlabel('n');
ylabel('Amplitude');
```

运行程序,结果如图 3.4 所示。

例 3.6　用 Simulink 工具仿真绘制如下离散系统的响应图,时间为 0～100ms。输

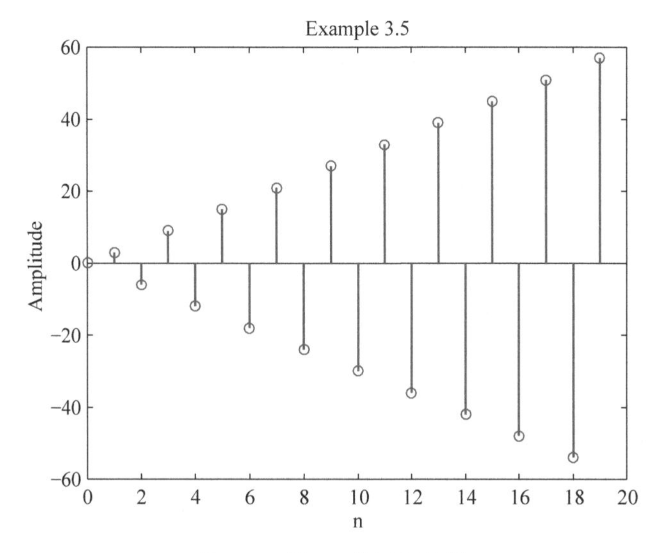

图 3.4 例 3.5 的运行结果

入信号 $x(t)=\sin(200\pi t)$，采样频率为 1000Hz，系统的差分方程为

$$y(n)-y(n-1)-y(n-2)=x(n)$$

启动 Simulink 工具，创建一个空白的工程。在 View 菜单栏中打开 Library Browser（见图 3.5）。每个模块都可以单独设置属性，在模块拖入模型窗口后在模块上双击即可。在模块上右击，选择 Format Flip Block 可以翻转模块的方向。

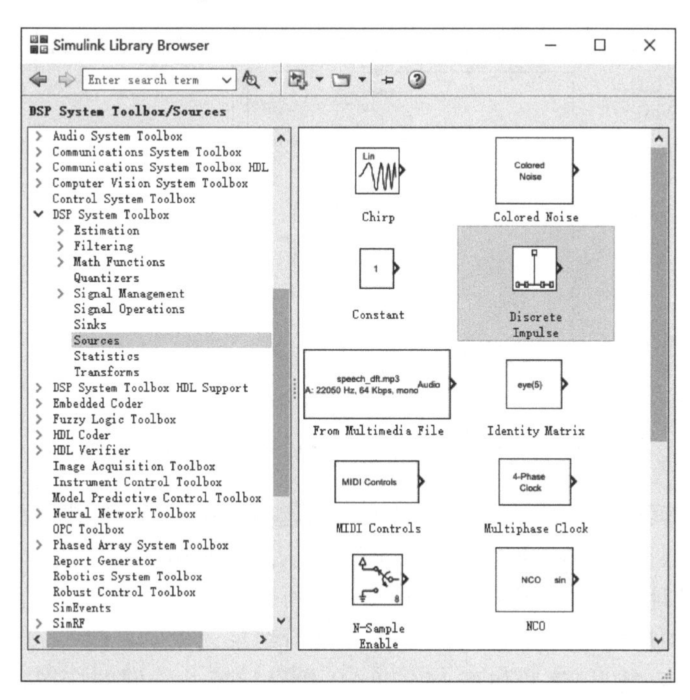

图 3.5 Library Browser 界面

常见的单元在如下位置可以找到。

样值信号：DSP System Toolbox→Sources→Discrete Impulse

阶跃信号：Simulink→Sources→Step

随机信号：Simulink→Sources→Random Number

其他信号：DSP System Toolbox→Sources→Signal from Workspace

延迟单元：Simulink→Discrete→Delay

加法单元：Simulink→Math Operations→Add

信号增益：Simulink→Math Operations→Gain

系统函数：Simulink→Discrete→Discrete Transfer Fcn

示波器：Simulink→Sinks→Scope

停止仿真：Simulink→Sinks→Stop Simulation

保存仿真数据到文件：Simulink→Sinks→To File

保存仿真数据到MATLAB：Simulink→Sinks→To Workspace

搭建和差分方程对应的系统模型如图3.6所示，仿真模型图可以通过Edit→Copy Current View to Clipboard方式保存为矢量图。也可以用saveas()函数保存为指定格式的图片(如eps、tif、bmp、pdf、png等格式)。

```
h = get_param(gcs,'handle');
saveas(h,'filename.ext',format);
```

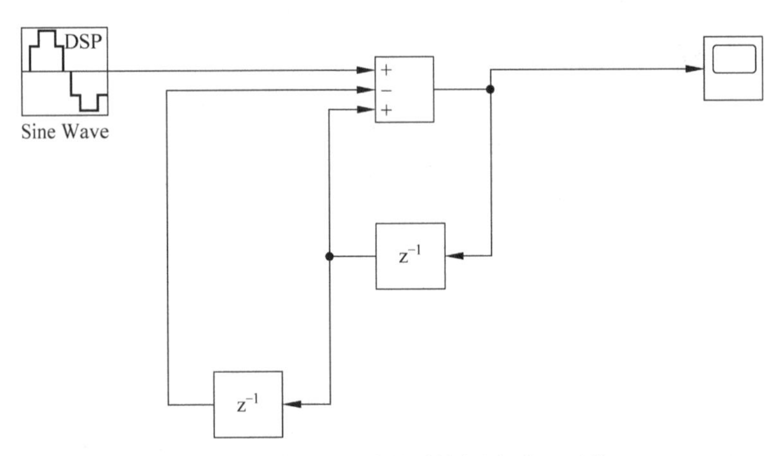

图3.6　差分方程对应的系统框图(分立元件)

设定运行时间范围后，选择合适的显示方式，包括曲线颜色、曲线类型、坐标轴颜色、绘图背景颜色等(见图3.7)，即可得到系统的运行结果(见图3.8)。

还可以直接计算出系统函数，采用如图3.9所示的系统模型进行仿真计算。设定运行时间范围后，同样得到如图3.8所示的系统运行结果。

为了验证仿真结果，编写如下MATLAB代码计算并绘制响应图，结果如图3.10所示。

Style: Scope

Figure color: Plot type: Auto

Axes colors:

Preserve colors for copy to clipboard

Active display: 1

Properties for line: In1

Visible

Line: 0.75

Marker: none

OK Cancel Apply

图 3.7 Simulink 示波器显示设置界面

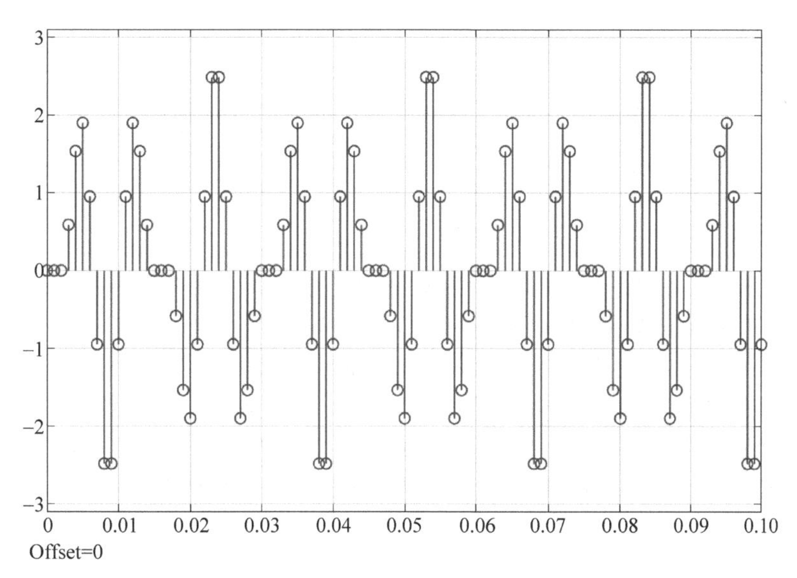

图 3.8 Simulink 得到的系统响应图

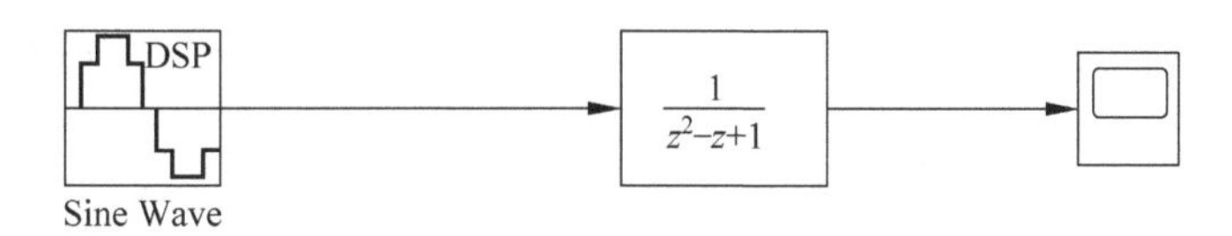

图 3.9 差分方程对应的系统框图(系统函数)

```
a = [1 - 1 1]; b = [1]; n = 0:100; fs = 1000;
x = sin(200 * pi * n/fs); y = filter(b,a,x);
stem(y); xlabel('n'); ylabel('value');
title('Example 3.6'); axis([0,102, - 2.5,2.5]);
```

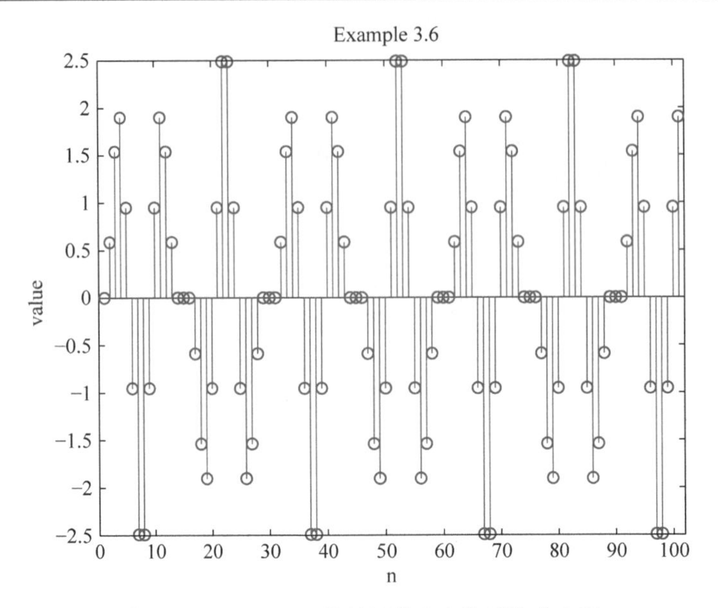

图 3.10　MATLAB代码计算出来的系统响应图

3.3　练习题

3.1　对题图 3.1 中采用框图表示的离散时间系统，分别采用数值仿真和 Simulink 图形仿真，计算并绘制其单位样值响应和阶跃响应前 30 个数值。

3.2　写出题图 3.2 中信号流图表示的离散时间系统的差分方程，使用 impz()函数计算系统的单位样值响应 $h(n)$，然后绘制 $h(n)$从 $n=0$ 到 $n=50$ 的结果；使用 stepz()函数计算系统的单位阶跃响应 $g(n)$，然后绘制 $g(n)$从 $n=0$ 到 $n=50$ 的结果；使用 filter()函数计算并绘制 $g(n)$从 $n=0$ 到 $n=50$ 的结果；使用 Simulink 仿真工具绘制 $g(n)$从 $n=0$ 到 $n=50$ 的结果。

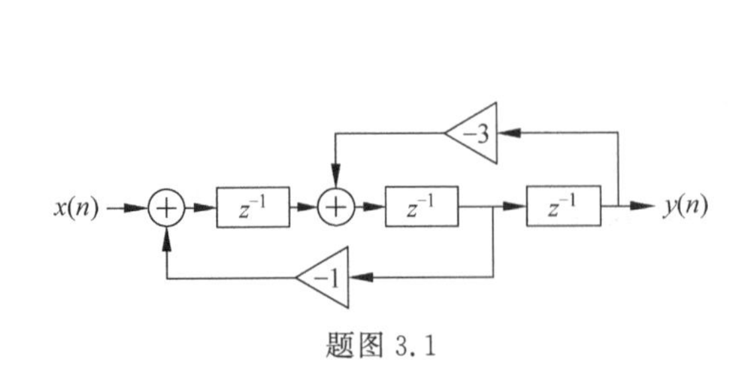

题图 3.1

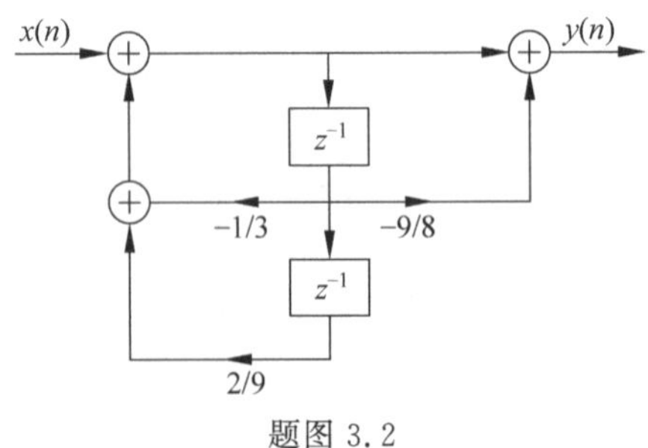

题图 3.2

第4章 Z变换和逆Z变换

4.1 基础理论及相关 MATLAB 函数语法介绍

4.1.1 基础理论

1. Z 变换

离散时间信号 $x(n)$的 Z 变换定义为

$$X(z)=\sum_{n=-\infty}^{+\infty} x(n)z^{-n}=x(0)+\frac{x(1)}{z}+\frac{x(2)}{z^2}+\cdots \tag{4-1}$$

收敛域(Region Of Convergence,ROC)：当 $x(n)$有界时，令上述级数收敛的 z 的所有可取的值的集合称为收敛域。

2. Z 变换的性质

Z 变换的线性性质(收敛域可能变大也可能变小)：

$$\text{ZT}[ax_1(n)+bx_2(n)]=aX_1(z)+bX_2(z) \tag{4-2}$$

Z 变换的移位性质(收敛域可能变大也可能变小)：

$$\text{ZT}[x_1(n-m)]=z^{-m}X_1(z) \tag{4-3}$$

Z 变换的微分性质(收敛域不变)：

$$\text{ZT}[nx_1(n)]=-\frac{z\mathrm{d}X_1(z)}{\mathrm{d}z} \tag{4-4}$$

Z 变换的共轭性质(收敛域不变)：

$$\text{ZT}[x^*(n)]=X^*(z^*) \tag{4-5}$$

Z 变换的翻转性质(收敛域可能变大也可能变小)：

$$\text{ZT}[x(-n)]=X(z^{-1}) \tag{4-6}$$

Z 域的时域和频域卷积定理(收敛域可能变大也可能变小)：

$$\text{ZT}[x_1(n)\otimes x_2(n)]=X_1(z)X_2(z) \tag{4-7}$$

$$\text{ZT}[x_1(n)x_2(n)]=\frac{1}{2\pi\mathrm{j}}\oint_c X_1(v)X_2\left(\frac{z}{v}\right)v^{-1}\mathrm{d}v \tag{4-8}$$

Z 域的帕塞瓦尔定理：

$$\sum_{-\infty}^{+\infty}x_1(n)x_2^*(n)=\frac{1}{2\pi\mathrm{j}}\oint_c X_1(v)X_2^*\left(\frac{1}{v^*}\right)v^{-1}\mathrm{d}v \tag{4-9}$$

3. 逆 Z 变换

表达式 $X(z)$的逆 Z 变换定义为

$$x(n)=\frac{1}{2\pi\mathrm{j}}\oint_c X(z)z^{n-1}\mathrm{d}z \tag{4-10}$$

其中,围线积分在收敛域中包含原点的闭合曲线 C 上进行。

逆 Z 变换还可以通过幂级数法计算。由 Z 变换的定义可知,$X(z)$是复变量 z^{-1} 的幂级数:

$$X(z)=\sum_{n=-\infty}^{+\infty}x(n)z^{-n}$$
$$=\cdots+x(-1)z^{1}+x(0)z^{0}+x(1)z^{-1}+x(2)z^{-2}+\cdots \tag{4-11}$$

因此,只要在给定的收敛域内,把 $X(z)$展开成幂级数,级数的系数就是信号 $x(n)$的数值。

逆 Z 变换的另外一种计算方法是部分分式展开法。如果有理分式 $X(z)$是两个实系数多项式 $P(z)$和 $Q(z)$的商,就可以把 $X(z)$展开成部分分式,然后求各简单分式的逆 Z 变换,最后相加得到信号 $x(n)$:

$$X(z)=\frac{P(z)}{Q(z)}=\frac{\sum_{k=0}^{M}b_kz^{-k}}{\sum_{l=0}^{N}a_lz^{-l}}=\frac{b_0\prod_{k=1}^{M}(1-c_kz^{-1})}{a_0\prod_{l=1}^{N}(1-d_lz^{-1})} \tag{4-12}$$

其中,c_k 是 $X(z)$的非零的零点,d_l 是 $X(z)$的非零的极点,$P(z)$和 $Q(z)$的阶次分别为 M 和 N。当 $M<N$ 且 $X(z)$只有一阶极点时:

$$X(z)=\sum_{k=1}^{N}\frac{A_k}{1-d_kz^{-1}} \tag{4-13}$$

当 $M\geqslant N$ 且 $X(z)$除有一阶极点外,在 $z=d_i$ 处还具有 s 阶极点时:

$$X(z)=\sum_{r=0}^{M-N}B_rz^{-r}+\sum_{k=1}^{N-s}\frac{A_k}{1-d_kz^{-1}}+\sum_{m=1}^{s}\frac{c_m}{(1-d_iz^{-1})^m} \tag{4-14}$$

4.1.2 相关 MATLAB 函数语法介绍

1. ztrans()函数

作用:求 Z 变换。

语法介绍:

F=ztrans(f),对默认自变量为 n 的单值函数 f 计算 Z 变换;

$$F(z)=\sum_{n=0}^{+\infty}f(n)z^{n} \tag{4-15}$$

F=ztrans(f,w),用符号变量 w 代替默认的 z 作为函数 F 的自变量计算 Z 变换;

$$F(w)=\sum_{n=0}^{+\infty}f(n)w^{n} \tag{4-16}$$

F=ztrans(f,k,w),对函数 f 中指定的符号变量 k,用符号变量 w 代替默认的 z 作为函数 F 的自变量计算 Z 变换。

$$F(w)=\sum_{n=0}^{+\infty} f(k)w^{n} \tag{4-17}$$

例 4.1 使用 ztrans()函数求 Z 变换。

```
syms n m b z p y
f1 = n^2;
ZF1 = ztrans(f1)
f2 = m^z;
ZF2 = ztrans(f2)
f3 = sin(b * n);
ZF3 = ztrans(f3,w)
f4 = exp(p * n^4) * cos(k * n);
ZF4 = ztrans(f4,p,y)
ZF1 = (z * (z + 1))/(z - 1)^3
ZF2 = - w/(m - w)
ZF3 = (w * sin(b))/(w^2 - 2 * cos(b) * w + 1)
ZF4 = (y * cos(k * n))/(y - exp(n^4))
```

2. iztrans()函数

作用：求逆 Z 变换。

语法介绍：

f=iztrans(F)，对默认自变量为 z 的单值函数 F 计算逆 Z 变换；

$$f(n)=\frac{1}{2\pi \mathrm{j}}\oint_{c} F(z)z^{n-1}\mathrm{d}z,\quad n=1,2,3,\cdots \tag{4-18}$$

f=iztrans(F,k)，用符号变量 k 代替默认的 n 作为函数 f 的自变量计算逆 Z 变换；

$$f(k)=\frac{1}{2\pi \mathrm{j}}\oint_{c} F(z)z^{k-1}\mathrm{d}z \tag{4-19}$$

f=iztrans(F,w,k)，对函数 F 中指定的符号变量 w，用符号变量 k 代替默认的 n 作为函数 f 的自变量计算逆 Z 变换。

$$f(k)=\frac{1}{2\pi \mathrm{j}}\oint_{c} F(w)w^{k-1}\mathrm{d}w \tag{4-20}$$

例 4.2 使用 iztrans()函数求逆 Z 变换。

```
syms z n a x k
f1 = 5 * z/(z^2 + 5)^2;
IZ1 = iztrans(f1)
IZ1 =
(5^(1/2) * ( - 5^(1/2) * i)^(n - 2) * (n - 1) * i)/4 - (5^(1/2) * (5^(1/2) * i)^(n - 2) *
(n - 1) * i)/4
IZ = simple(IZ1)
```

```
IZ =
-(5^(1/2)*(n-1)*((-5^(1/2)*i)^n-(5^(1/2)*i)^n)*i)/20
pretty(IZ)
  1/2              1/2 n     1/2 n
5    (n - 1) ((- 5     i) - (5     i) ) i
   - -------------------------------------
   20
f2 = 2*n/(n+3);
IZ2 = iztrans(f2)
IZ2 = 2*(-3)^k
f3 = z/sqrt(z^2 - a);
IZ3 = iztrans(f3,k)
IZ3 = iztrans(z/(z^2 - a)^(1/2), z, k)
```

3. pretty()和 simplify()函数

作用：美化及简化符号运算结果。

语法介绍：simplify(s),pretty(s),其中 s 为符号运算结果。

4. residuez()函数

作用：求离散信号的逆 Z 变换。

语法介绍：[r,p,k]=residuez(b,a) 向量 b 指定分子多项式,a 指定分母多项式,r 表示留数的列向量,p 表示极点的列向量,k 表示展开式中的直接项。注意,分子分母多项式都要按照 z 降幂排列,即

$$X(z)=\frac{b_0+b_1z^{-1}+b_2z^{-2}+\cdots}{a_0+a_1z^{-1}+a_2z^{-2}+\cdots} \tag{4-21}$$

例 4.3 求如下表达式的逆 Z 变换。

$$X(z)=\frac{3-\frac{5}{6}z^{-1}}{1-\frac{7}{12}z^{-1}+\frac{1}{12}z^{-2}},\quad \frac{1}{4}<|z|<\frac{1}{3}$$

```
[r,p,k] = residuez([3, -5/6],[1, -7/12,1/12])
r = 2.0000    1.0000
p = 0.3333    0.2500
k = []
```

根据结果得到逆 Z 变换为

$$x(n)=\left(\frac{1}{4}\right)^n u(n)-2\left(\frac{1}{3}\right)^n u(-n-1)$$

5. zplane 函数

作用：极零图的绘制。

语法介绍：zplane(b,a)，其中，b 与 a 分别表示分子和分母多项式的系数向量。它的作用是在 z 平面上画出单位圆、零点与极点。

6. zplaneplot 函数

作用：极零图的绘制。

语法介绍：zplane(z,p)，其中，z 与 p 分别表示分子和分母多项式的零点和极点。它的作用是在 z 平面上画出单位圆、零点与极点。

例 4.4 绘制如下函数的零极点图。

$$H(z)=\frac{1-2z^{-1}}{1-z^{-1}+z^{-2}}=\frac{Y(z)}{X(z)}$$

```
b = [1, - 2];a = [1, - 1,1];zplane(b,a)
```

运行程序，结果如图 4.1 所示。

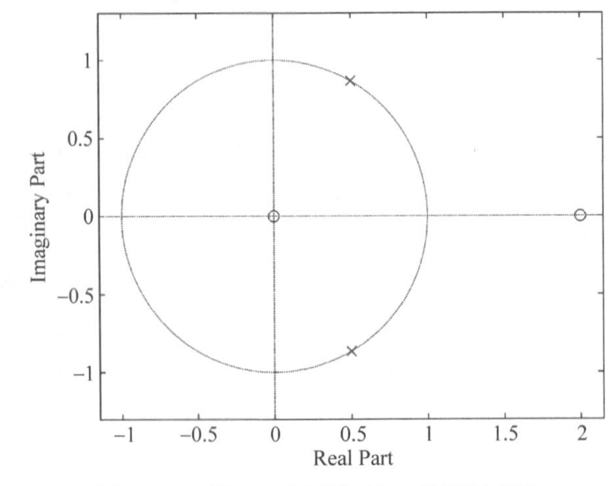

图 4.1　例 4.4 中函数 $H(z)$ 的零极点图

4.2 实验示例

例 4.5 试用 ztrans()函数求下列函数的 Z 变换。

$$x(n)=\left[\left(\frac{1}{2}\right)^{n+1}-2^{n-1}\right]u(n)$$

$$X(z)=\frac{z}{2(z-0.5)}-\frac{z}{2(z-2)}$$

```
syms n z;
x = (1/2)^(n + 1) - 2^(n - 1);
z = ztrans(x)
z = z/(2 * (z - 1/2)) - z/(2 * (z - 2))
```

例 4.6 试用 ztrans()函数求下列函数的 Z 变换。

$$x(n)=a^n\cos(\pi n)+b\sin(\pi n)$$

```
syms a n b z;
x = a^n * cos(pi * n) + b * sin(pi * n);
z = ztrans(x)
simplify(z)
z = (z * (z/a + 1))/(a * ((2 * z)/a + z^2/a^2 + 1))
```

$$X(z)=\frac{a^2z+az^2}{2a^2z+az^2+a^3}$$

例 4.7 试用 iztrans()函数求下列函数的逆 Z 变换。

$$X(z)=\frac{z}{z^3+2z^2+1.25z+0.25},\quad |z|>1$$

```
syms z n;
z = z/(z^3 + 2 * z^2 + 1.25 * z + 0.25);
x = iztrans(z)
simplify(x)
ans = 4 * ( - 1)^n - 4 * ( - 1/2)^n * n - 4 * ( - 1/2)^n
```

$$x(n)=\left[4(-1)^n-4\left(-\frac{1}{2}\right)^n(n+1)\right]u(n)$$

例 4.8 试用 MATLAB 命令进行部分分式展开,并求出其逆 Z 变换的因果信号。

$$X(z)=\frac{18}{18+3z^{-1}-4z^{-2}-z^{-3}},\quad |z|>0.5$$

```
B = [18]; A = [18,3, - 4, - 1];
[R,P,K] = residuez(B,A)
R = 0.3600     0.2400     0.4000
P = 0.5000  - 0.3333  - 0.3333
K = []
```

从运行结果可知,$p_2=p_3$ 表示系统有二重极点。所以,$X(z)$的部分分式展开为

$$X(z)=\frac{0.36}{1-0.5z^{-1}}+\frac{0.24}{1+0.3333z^{-1}}+\frac{0.4}{(1+0.3333z^{-1})^2}$$

$$x(n)=[0.36\times(0.5)^n+0.24\times(-0.3333)^n+0.4(n+1)(-0.3333)^n]u(n)$$

例 4.9 画出系统函数

$$H(z)=\frac{4z^{2}-2\sqrt{2}z+1}{z^{2}-2\sqrt{2}+4}$$

的零极点图。

```
b = [4, - 2 * sqrt(2),1];
a = [1, - 2 * sqrt(2),4];
zplane(b,a)
```

运行程序，结果如图 4.2 所示。

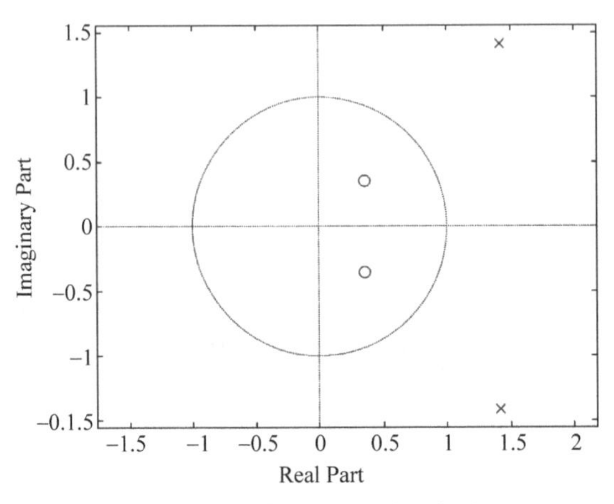

图 4.2 函数 $H(z)$的零极点图

4.3 练习题

4.1 计算下列 Z 变换，给出收敛域并绘制零极点图，并用 MATLAB 符号运算验证结果(其中 $a>0, m\in\mathbf{Z}$)。

(a) $a^{n-m}u(n)$　(b) $a^{n-m}u(n-m)$　(c) $a^{n}u(n-m)$　(d) $n^{3}u(n)$

(e) $e^{jan}u(n)$　(f) $\cos(an)u(n)$　(g) $\sin(an)u(n)$　(h) $\delta(n)$

4.2 计算如下因果信号的逆 Z 变换，并用 MATLAB 符号运算验证结果(其中 $a>0$)。

(a) $\dfrac{z+z^{2}}{z^{3}-2z^{2}+2z-1}$　(b) $\dfrac{z}{z^{3}-z^{2}-z+1}$　(c) $\dfrac{1-az}{z-a}$

(d) $\dfrac{1}{z^{-6}+0.6z^{-5}-0.84z^{-4}-0.466z^{-3}+0.1335z^{-2}+0.09468z^{-1}+0.01134}$

4.3 使用 MATLAB 中的 residuez()函数重新完成题 4.2。

4.4 若复数信号 $x(n)=x_{R}(n)+jx_{I}(n)$的 Z 变换为 $X(z)$，证明：

$$X_{R}(z)=\mathrm{ZT}[x_{R}(n)]=\frac{X(z)+X^{*}(z^{*})}{2}$$

$$X_{\mathrm{I}}(z)=\mathrm{ZT}\left[x_{\mathrm{I}}(n)\right]=\frac{X(z)-X^{*}(z^{*})}{2}$$

4.5　证明题图 4.5.1 和题图 4.5.2 所表示的过程。

(1) 上采样的等效关系：

$x[n]\rightarrow\boxed{H(z)}\rightarrow\boxed{\uparrow L}\rightarrow y[n] \quad \equiv \quad x[n]\rightarrow\boxed{\uparrow L}\rightarrow\boxed{H(z^{L})}\rightarrow y[n]$

题图　4.5.1

(2) 下采样的等效关系：

$x[n]\rightarrow\boxed{\downarrow M}\rightarrow\boxed{H(z)}\rightarrow y[n] \quad \equiv \quad x[n]\rightarrow\boxed{H(z^{M})}\rightarrow\boxed{\downarrow M}\rightarrow y[n]$

题图　4.5.2

第5章 Z域分析

5.1 基础理论

1. 求解差分方程

若线性时不变离散时间系统差分方程为

$$\sum_{k=0}^{N} a_k y(n-k) = \sum_{r=0}^{M} b_r x(n-r) \tag{5-1}$$

对差分方程求Z变换，得到

$$\sum_{k=0}^{N} a_k z^{-k} Y(z) = \sum_{r=0}^{M} b_r z^{-r} X(z) \tag{5-2}$$

若响应为右边信号，对差分方程求Z变换，得到

$$\sum_{k=0}^{N} a_k z^{-k} \left[Y(z) + \sum_{l=-k}^{-1} y(l) z^{-l}\right] = \sum_{r=0}^{M} b_r z^{-r} \left[X(z) + \sum_{m=-r}^{-1} x(m) z^{-m}\right] \tag{5-3}$$

对 $Y(z)$ 求逆Z变换得到响应 $y(n)$。

2. 系统函数

由线性时不变系统的输入输出关系 $y(n)=x(n)\otimes h(n)$，等式两边进行Z变换，根据卷积定理得到 $Y(z)=X(z)\cdot H(z)$，进而得到系统函数的定义：

$$H(z) = \frac{Y(z)}{X(z)} = \mathrm{ZT}[h(n)] \tag{5-4}$$

一般情况下，系统函数是一个关于 z 的有理多项式分式，可以表示为

$$H(z) = \frac{P(z)}{Q(z)} = \frac{\sum_i b_i z^{-i}}{\sum_k a_k z^{-k}} = A \frac{\prod_i (1 - c_i z^{-1})}{\prod_k (1 - d_k z^{-1})} \tag{5-5}$$

其中，a_k 和 b_i 是系统差分方程的系数，c_i 和 d_k 分别是系统函数的零点和极点。

3. 判断系统稳定性和因果性

当系统函数的所有极点都位于单位圆中时，离散LTI系统是稳定的。当系统函数的一个极点位于单位圆外或者系统函数的一个2阶或更高阶极点位于单位圆上时，离散LTI系统是不稳定的。

当系统函数的收敛域包含正无穷大时，离散LTI系统是因果的。

5.2 实验示例

例5.1 求解差分方程

$$y(n) - 0.4y(n-1) - 0.45y(n-2) = 0.45x(n) + 0.4x(n-1) - x(n-2), \quad n \geqslant 0$$

其中 $x(n)=\left[2+\left(\frac{1}{2}\right)^n\right]u(n)$，初始条件为 $y(-1)=0$；$y(-2)=3$；$x(-1)=2$；$x(-2)=2$。要求列出解的函数表达式。

解：对差分方程作单边 Z 变换：

$$Y^+(z)-0.4[y(-1)+z^{-1}Y^+(z)]-0.45[y(-2)+z^{-1}y(-1)+z^{-2}Y^+(z)]$$
$$=0.45X^+(z)+0.4[x(-1)+z^{-1}X^+(z)]-[x(-2)+z^{-1}x(-1)+z^{-2}X^+(z)]$$

代入初始条件，得到

$$Y^+(z)=\frac{0.45+0.4z^{-1}-z^{-2}}{1-0.4z^{-1}-0.45z^{-2}}X^+(z)+\frac{0.15-2z^{-1}}{1-0.4z^{-1}-0.45z^{-2}}$$

代入 $X^+(z)=\dfrac{3-2z^{-1}}{1-\frac{3}{2}z^{-1}+\frac{1}{2}z^{-2}}$ 并化简，得到 $Y^+(z)$，它是一个有理函数，化简和部分分式展开可以用 MATLAB 来完成，程序如下：

```
b = [0.45,0.4, - 1];
a = [1, - 0.4, - 0.45];
Y = [0,3];
X = [2,2];
xic = filtic(b,a,Y,X)
bxplus = [3, - 2];
axplus = [1, - 3/2,1/2];
ayplus = conv(a,axplus)
byplus = conv(b,bxplus) + conv(xic,axplus)
[R,p,C] = residuez(byplus,ayplus)
xic  = 0.1500  - 2.0000
ayplus  =  1.0000     - 1.9000     0.6500     0.4750     - 0.2250
byplus  =  1.5000     - 1.9250   - 0.7250     1.0000
R  =   - 2.0000     2.1116     1.7188     - 0.3304
p  =     1.0000     0.9000     0.5000     - 0.5000
```

最终可以得到

$$Y^+(z)=-\frac{2}{1-z}+\frac{2.1116}{1-0.9z}+\frac{1.7188}{1-0.5z}-\frac{0.3304}{1+0.5z}$$

从而得到

$$y(n)=[2+2.1116(0.9)^n+1.7188(0.5)^n-0.3304(-0.5)^n]u(n)$$

例 5.2 求解差分方程

$$y(n)=0.81y(n-2)+x(n)+x(n-1),\quad n>0$$

其中 $y(-1)=y(-2)=2$，$x(n)=0.7^n u(n+1)$。

解：将差分方程两边取单边 Z 变换得

$$Y^+(z)=0.81[y(-2)+z^{-1}y(-1)+z^{-2}Y^+(z)]+X^+(z)+z^{-1}X^+(z)$$
$$=0.81[2+2z^{-1}+z^{-2}Y^+(z)]+\frac{10}{7}\cdot\frac{z+1}{1-0.7z^{-1}}$$

得

$$Y^{+}(z)=\frac{\left[\frac{10}{7}\cdot\frac{z+1}{1-0.7z^{-1}}+1.62+1.62z^{-1}\right]}{1-0.81z^{-2}}$$

$$=\frac{1.4z+3.02+0.486z^{-1}-1.134z^{-2}}{1-0.7z^{-1}-0.81z^{-2}+0.567z^{-3}}$$

令

$$Y_1^{+}(z)=\frac{3.02+0.486z^{-1}-1.134z^{-2}}{1-0.7z^{-1}-0.81z^{-2}+0.567z^{-3}}$$

$$z^{-1}Y_2^{+}(z)=\frac{1.4}{1-0.7z^{-1}-0.81z^{-2}+0.567z^{-3}}$$

分解 $Y_1^{+}(z)$的 MATLAB 程序实现如下：

```
b = [3.02,0.486, - 1.134];
a = [1, - 0.7, - 0.81,0.567];
[R,p,C] = residuez(b,a)
R =    0.3038     4.8600     - 2.1438
p =  - 0.9000     0.9000       0.7000
```

$$Y_1^{+}(z)=\frac{0.3038}{1+0.9z^{-1}}+\frac{4.86}{1-0.9z^{-1}}+\frac{-2.1438}{1-0.7z^{-1}}$$

$$y_1(n)=[0.3038(-0.9)^n+4.86(0.9)^n-2.1438(0.7)^n]u(n)$$

对于 $Y_2^{+}(z)$，MATLAB 程序实现如下：

```
b = [1.4]; a = [1, - 0.7, - 0.81,0.567];
[R,p,C] = residuez(b,a)
R = 0.3938     3.1500  - 2.1438
p =  - 0.9000     0.9000     0.7000
```

$$y(n)=[0.3038(-0.9)^n+4.86(0.9)^n-2.1438(0.7)^n]u(n)+$$
$$[0.3938(-0.9)^{n+1}+3.15(0.9)^{n+1}-2.1438(0.7)^{n+1}]u(n+1)$$

例 5.3 求解 $y(n)-1.5y(n-1)+0.5y(n-2)=x(n)$，其中 $x(n)=0.25^n u(n)$，初始条件为 $y(-1)=4, y(-2)=10$。

解：对差分方程的两边同时进行单边 Z 变换，得到

$$Y^{+}(z)-1.5[y(-1)+z^{-1}Y^{+}(z)]+0.5[y(-2)+z^{-1}y(-1)+z^{-2}Y^{+}(z)]$$
$$=\frac{1}{1-0.25z^{-1}}$$

代入初始条件并整理得

$$Y^{+}(z)=\frac{(1-0.25z^{-1})^{-1}}{1-1.5z^{-1}+0.5z^{-2}}+\frac{1-2z^{-1}}{1-1.5z^{-1}+0.5z^{-2}}$$

最后得到

$$Y^{+}(z)=\frac{2-2.25z^{-1}+0.5z^{-2}}{(1-0.5z^{-1})(1-z^{-1})(1-0.25z^{-1})}$$

进行部分分式展开得到

$$Y^{+}(z)=\frac{1}{1-0.5z^{-1}}+\frac{2/3}{1-z^{-1}}+\frac{1/3}{1-0.25z^{-1}}$$

逆Z变换后，得到差分方程的全响应解为

$$y(n)=\left[\left(\frac{1}{2}\right)^{n}+\frac{2}{3}+\frac{1}{3}\left(\frac{1}{4}\right)^{n}\right]u(n)$$

```
a = [1, - 1.5,0.5];b = 1;
n = [0:7];
x = (1/4).^n;
Y = [4,10];
xic = filtic(b,a,Y);
y1 = filter(b,a,x,xic);
y2 = (1/3) * (1/4).^n + (1/2).^n + (2/3) * ones(1,8);
stem(n,y1,'ro'),hold on
stem(n,y2,' * b');
h = legend('y1','y2');
title('Example 5.3');
xlabel('n');
ylabel('Amplitude');
```

运行程序，结果如图5.1所示。

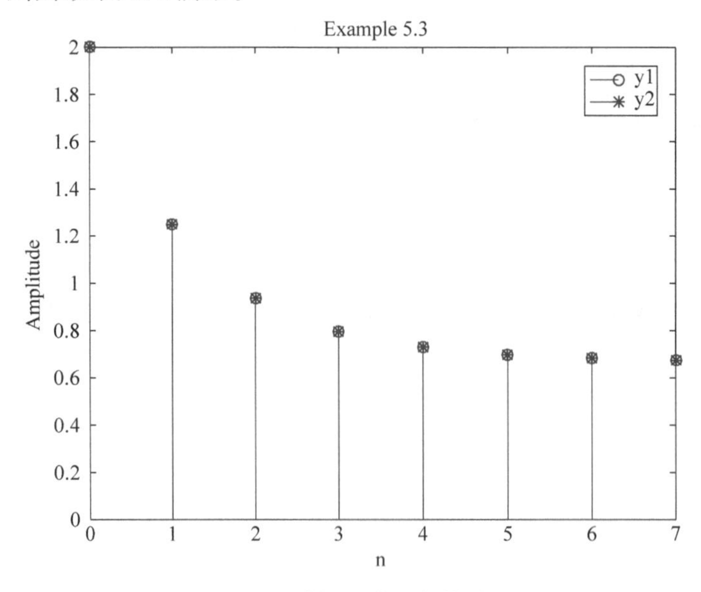

图5.1 例5.3的运行结果

例 5.4 求解差分方程

$$y(n)-2y(n-1)+3y(n-2)=4x(n)-5x(n-1)+6x(n-2)-7x(n-3)$$

其中 $x(n)=u(n)$，初始条件为 $y(-1)=-1, y(-2)=1, x(-1)=1, x(-2)=-1$。

解：对差分方程做单边 Z 变换：

$$Y^+(z)-2[y(-1)+z^{-1}Y^+(z)]+3[y(-2)+z^{-1}y(-1)+z^{-2}Y^+(z)]$$
$$=4X^+(z)-5[x(-1)+z^{-1}X^+(z)]+6[x(-2)+z^{-1}x(-1)+z^{-2}X^+(z)]-$$
$$7[x(-3)+z^{-1}x(-2)+z^{-2}x(-1)+z^{-3}X^+(z)]$$

代入初始条件，得

$$Y^+(z)=\frac{4-5z^{-1}+6z^{-2}-7z^{-3}}{1-z^{-1}+3z^{-2}}X^+(z)+\frac{-16+16z^{-1}-7z^{-2}}{1-z^{-1}+3z^{-2}}$$

MATLAB 程序如下：

```
b = [4, - 5,6, - 7];a = [1, - 2,3];
Y = [ - 1,1];X = [1, - 1];
xic = filtic(b,a,Y,X)
bxplus = [1];
axplus = [1, - 1];
ayplus = conv(a,axplus)
byplus = conv(b,bxplus) + conv(xic,axplus);
[r,p,k] = residuez(byplus,ayplus)
xic =  - 16     16      - 7
ayplus = 1    - 3       5   - 3
r =  - 5.5000 - 1.0607i   - 5.5000 + 1.0607i   - 1.0000
p =    1.0000 + 1.4142i    1.0000 - 1.4142i    1.0000
```

可以得到

$$Y^+(z)=\frac{(-5.5-1.0607\mathrm{j})}{1-(1+1.4142\mathrm{j})z}+\frac{(-5.5+1.0607\mathrm{j})}{1-(1-1.4142\mathrm{j})z}-\frac{1}{1-z}$$
$$=-\frac{11+14z}{1-2z+3z^2}-\frac{1}{1-z}$$

5.3 练习题

5.1 写出题图 3.1 所表示的离散时间系统的差分方程，使用 MATLAB 编程求解系统的单位样值响应 $h(n)$，然后绘制 $h(n)$ 从 $n=0$ 到 $n=50$ 的结果。使用 MATLAB 编程求解系统的阶跃响应 $g(n)$，然后绘制 $g(n)$ 从 $n=0$ 到 $n=50$ 的结果。

5.2 写出题图 3.2 所表示的离散时间系统的差分方程，使用 MATLAB 编程求解系统的单位样值响应 $h(n)$，然后绘制 $h(n)$ 从 $n=0$ 到 $n=50$ 的结果。使用 MATLAB 编程求解系统的阶跃响应 $g(n)$，然后绘制 $g(n)$ 从 $n=0$ 到 $n=50$ 的结果。

5.3 使用 MATLAB 编程求解如下差分方程并绘制响应 $y(n)$ 从 $n=0$ 到 $n=50$ 的

结果，随后使用Simulink图形仿真验证。

(1) $y(n)+3y(n-1)=x(n), x(n)=0.5^n u(n), y(-1)=1$

(2) $y(n)-0.5y(n-1)=x(n)-0.5x(n-1), x(n)=u(n), y(-1)=0$

5.4 使用MATLAB编程求解如下系统的单位样值响应 $h(n)$，求解激励 $x(n)=\cos\left(\frac{\pi n}{3}\right)$ 时，响应 $y(n)$ 从 $n=0$ 到 $n=50$ 的结果，随后使用Simulink图形仿真验证。

(1) $H(z)=\frac{z+1}{z-0.5}$

(2) $H(z)=(1+z^{-1}+z^{-2})^2$

第6章

离散时间傅里叶变换及频域分析

6.1 基础理论及相关 MATLAB 函数语法介绍

6.1.1 基础理论

1. 离散时间傅里叶变换的两个认知角度

对有限带宽连续时间信号 $x(t)$进行周期为 T 的等间隔采样，得到采样后的信号 $\tilde{x}(t)$，可以表示为

$$\tilde{x}(t)=x(t)\sum_{n=-\infty}^{+\infty}\delta(t-nT) \tag{6-1}$$

若满足狄里赫利条件，对 $\tilde{x}(t)$进行傅里叶变换，得到

$$\widetilde{X}(\Omega)=\int_{-\infty}^{+\infty}x(t)\sum_{n=-\infty}^{+\infty}\delta(t-nT)\mathrm{e}^{-\mathrm{j}\Omega t}\mathrm{d}t \tag{6-2}$$

根据傅里叶变换的性质，时域相乘等于频域卷积，上式又可以表示为

$$\widetilde{X}(\Omega)=\int_{-\infty}^{+\infty}\frac{2\pi}{T}\sum_{n=-\infty}^{+\infty}\delta\left(\Theta-n\frac{2\pi}{T}\right)X(\Omega-\Theta)\mathrm{d}\Theta \tag{6-3}$$

交换积分和求和顺序，得到

$$\widetilde{X}(\Omega)=\frac{2\pi}{T}\sum_{n=-\infty}^{+\infty}\int_{-\infty}^{+\infty}\delta\left(\Theta-n\frac{2\pi}{T}\right)X(\Omega-\Theta)\mathrm{d}\Theta \tag{6-4}$$

$$\widetilde{X}(\Omega)=\frac{2\pi}{T}\sum_{n=-\infty}^{+\infty}X\left(\Omega-n\frac{2\pi}{T}\right) \tag{6-5}$$

若采样间隔 T 满足采样定理，则 $\widetilde{X}(\mathrm{j}\Omega)$为 Ω 的周期函数，周期为$\frac{2\pi}{T}$。

换一个角度看：

$$\widetilde{X}(\Omega)=\int_{-\infty}^{+\infty}x(t)\sum_{n=-\infty}^{+\infty}\delta(t-nT)\mathrm{e}^{-\mathrm{j}\Omega t}\mathrm{d}t \tag{6-6}$$

交换积分和求和顺序，得到

$$\widetilde{X}(\Omega)=\sum_{n=-\infty}^{+\infty}\int_{-\infty}^{+\infty}x(t)\delta(t-nT)\mathrm{e}^{-\mathrm{j}\Omega t}\mathrm{d}t=\sum_{n=-\infty}^{+\infty}x(nT)\mathrm{e}^{-\mathrm{j}\Omega nT} \tag{6-7}$$

记 $x(n)=x(t)|_{t=nT}$，令 $\omega=\Omega T$，则有

$$\widetilde{X}(\Omega)=\sum_{n=-\infty}^{+\infty}x(n)\mathrm{e}^{-\mathrm{j}\omega n} \tag{6-8}$$

得到了离散时间傅里叶变换的定义式。

若 $x(n)$的 Z 变换为 $X(z)$，则当 z 在单位圆上时：

$$X(\mathrm{e}^{\mathrm{j}\omega})=X(z)\Big|_{z=\mathrm{e}^{\mathrm{j}\omega}}=\sum_{n=-\infty}^{+\infty}x(n)\mathrm{e}^{-\mathrm{j}\omega n} \tag{6-9}$$

同样得到了离散时间傅里叶变换的定义式。

2. 离散时间傅里叶变换的逆变换

由Z变换的逆变换定义，令 $z=\mathrm{e}^{\mathrm{j}\omega}$，则

$$x(n)=\frac{1}{2\pi \mathrm{j}}\oint_{|z|=1} X(z) z^{n-1} \mathrm{d}z=\frac{1}{2\pi \mathrm{j}}\int_{0}^{2\pi} X(\mathrm{e}^{\mathrm{j}\omega}) \mathrm{e}^{\mathrm{j}\omega(n-1)} \mathrm{d}\mathrm{e}^{\mathrm{j}\omega} \tag{6-10}$$

化简后可以得到

$$x(n)=\frac{1}{2\pi}\int_{0}^{2\pi} X(\mathrm{e}^{\mathrm{j}\omega}) \mathrm{e}^{\mathrm{j}\omega n} \mathrm{d}\omega \tag{6-11}$$

3. 频率响应

线性时不变系统输出的离散时间傅里叶变换除以系统输入信号的离散时间傅里叶变换定义为系统的频率响应，也等于系统单位样值响应的离散时间傅里叶变换，即

$$H(\mathrm{e}^{\mathrm{j}\omega})=\frac{Y(\mathrm{e}^{\mathrm{j}\omega})}{X(\mathrm{e}^{\mathrm{j}\omega})}=\mathrm{DTFT}[h(n)] \tag{6-12}$$

频率响应的幅度与频率的关系称为幅频响应，即 $|H(\mathrm{e}^{\mathrm{j}\omega})|$。

频率响应的相位与频率的关系称为相频响应，即

$$\arg[H(\mathrm{e}^{\mathrm{j}\omega})]=\arctan\frac{\mathrm{Im}[H(\mathrm{e}^{\mathrm{j}\omega})]}{\mathrm{Re}[H(\mathrm{e}^{\mathrm{j}\omega})]} \tag{6-13}$$

另外，可以通过系统函数的零极点分布来粗略获取系统的幅频响应。一般情况下，系统函数是一个关于 z 的有理多项式分式，可以表示为

$$H(z)=A\frac{\prod_{i}(1-c_i z^{-1})}{\prod_{k}(1-d_k z^{-1})}=A\frac{\prod_{i}(z-c_i)}{\prod_{k}(z-d_k)} \tag{6-14}$$

其中，c_i 和 d_k 分别是系统函数的零点和极点。令系统函数中 $z=\mathrm{e}^{\mathrm{j}\omega}$，就得到了系统的频率响应：

$$H(\mathrm{e}^{\mathrm{j}\omega})=H(z)\Big|_{z=\mathrm{e}^{\mathrm{j}\omega}}=A\frac{\prod_{i}(\mathrm{e}^{\mathrm{j}\omega}-c_i)}{\prod_{k}(\mathrm{e}^{\mathrm{j}\omega}-d_k)} \tag{6-15}$$

当 ω 从0变化到 2π 时，$\mathrm{e}^{\mathrm{j}\omega}$ 从实轴上的1开始逆时针绕单位圆遍历一圈。当 $\mathrm{e}^{\mathrm{j}\omega}$ 接近某个零点时，幅频响应变小；当 $\mathrm{e}^{\mathrm{j}\omega}$ 接近某个极点时，幅频响应变大；当单位圆上有极点时，幅频响应出现异常；当单位圆上有零点时，幅频响应为零。

在单位圆上存在零点时，相频响应在零点附近产生 $-N\cdot 180^{\circ}$ 的突变。当单位圆附近存在零点或极点时，相频响应在零点附近产生较大的变化。

4. 群延迟和相位延迟

系统相频响应对频率的一阶导数的相反数定义为系统的群延迟，即

$$\text{groupDelay}[H(e^{j\omega})]=-\frac{\mathrm{d}\arg[H(e^{j\omega})]}{\mathrm{d}\omega} \tag{6-16}$$

由微分的概念可知，它代表在频率 ω 附近的相位响应变化率。群延时代表某个频率及周边频率的差异程度，也就是频率在 ω 附近的信号经过该系统后会产生怎么样的延迟，这也是群延时的“群”得名的原因。

系统相频响应除以频率相反数定义为系统的相位延迟，即

$$\text{phaseDelay}[H(e^{j\omega})]=-\frac{\arg[H(e^{j\omega})]}{\omega} \tag{6-17}$$

这里的负号是因为负的相位响应代表相位超前，超前的相位才能带来时间的滞后。如果系统对所有的频率分量都有相同的相位延时，那么信号经过该系统后，波形形状将与之前完全相同，只是有一定的延时。但如果不同频率分量有不同的相位延时，那么信号经过该系统后将产生形变。

因果系统的相位延迟为正。

稳定的线性时不变系统的群延迟为正。

5. 全通系统

零点 z_0 和极点 z_p 成对出现，且满足 $z_p z_0^*=1$ 的离散时间系统称为全通系统。极点 $z_p=a$，零点 $z_0=\frac{1}{a^*}$ 的一阶全通系统的系统函数为

$$H(z)=\frac{z^{-1}-a^*}{1-az^{-1}} \tag{6-18}$$

其幅频响应为

$$H(e^{j\omega})=\left|\frac{e^{-j\omega}-a^*}{1-ae^{-j\omega}}\right|=\left|\frac{e^{-j\omega}(1-a^*e^{j\omega})}{1-ae^{-j\omega}}\right|=\left|\frac{1-a^*e^{j\omega}}{1-(a^*e^{j\omega})^*}\right|=1 \tag{6-19}$$

若系统稳定，即 $a=re^{j\theta}$，$r<1$，该系统的相频响应为

$$\begin{aligned}\arg[H(e^{j\omega})]&=\arg\left[\frac{e^{-j\omega}-re^{-j\theta}}{1-re^{j\theta}e^{-j\omega}}\right]=\arg\left[\frac{e^{-j\omega}(1-(re^{j\theta}e^{-j\omega})^*)}{1-re^{j\theta}e^{-j\omega}}\right]\\&=\arg[e^{-j\omega}]-2\arg[1-re^{j\theta}e^{-j\omega}]\\&=-\omega-2\arctan\frac{r\sin(\omega-\theta)}{1-r\cos(\omega-\theta)}\end{aligned} \tag{6-20}$$

的群延迟为

$$\begin{aligned}\text{grd}\left[\frac{e^{-j\omega}-re^{-j\theta}}{1-re^{j\theta}e^{-j\omega}}\right]&=1-2\text{grd}[1-re^{j\theta}e^{-j\omega}]\\&=\frac{1-r^2}{1+r^2-2r\cos(\omega-\theta)}\\&=\frac{1-r^2}{|1-re^{j(\omega-\theta)}|}>0\end{aligned} \tag{6-21}$$

任何一个因果的线性时不变系统都可以通过级联一个全通系统变成稳定的系统，即

$$H_{\text{stable}}(e^{j\omega}) = H(e^{j\omega})H_{\text{ap}}(e^{j\omega}) \tag{6-22}$$

一个 N 阶全通系统，当频率 ω 从 0 变化到 π 时，其相位变化 $N\pi$，即

$$\arg[H(e^{j0})] - \arg[H(e^{j\pi})] = N\pi \tag{6-23}$$

6. 最小相位延迟系统

若线性时不变系统所有的零点都在单位圆内时，称为最小相位延迟系统。在所有幅频响应相同且因果的线性时不变系统中，最小相位延迟系统的相位延迟最小，即

$$\text{phasedelay}[H_{\text{mp}}(e^{j\omega})] \leqslant \text{phasedelay}[H(e^{j\omega})] \tag{6-24}$$

在所有幅频响应相同且因果的线性时不变系统中，最小相位延迟系统的群延迟最小，即

$$\text{groupdelay}[H_{\text{mp}}(e^{j\omega})] \leqslant \text{groupdelay}[H(e^{j\omega})] \tag{6-25}$$

在所有幅频响应相同且因果的线性时不变系统中，最小相位延迟系统的能量延迟最小，即

$$\sum_{n=0}^{k} |h_{\text{mp}}(n)|^2 \geqslant \sum_{n=0}^{k} |h(n)|^2 \tag{6-26}$$

任何一个因果的线性时不变系统都可以由一个最小相位延迟系统级联一个全通系统构成，即

$$H(e^{j\omega}) = H_{\text{mp}}(e^{j\omega})H_{\text{ap}}(e^{j\omega}) \tag{6-27}$$

7. 离散时间傅里叶变换的性质

离散时间傅里叶变换的周期性质：

$$X(e^{j(\omega+2k\pi)}) = X(e^{j\omega}) \tag{6-28}$$

离散时间傅里叶变换的线性性质：

$$\text{DTFT}[ax_1(n) + bx_2(n)] = aX_1(e^{j\omega}) + bX_2(e^{j\omega}) \tag{6-29}$$

离散时间傅里叶变换的移位性质：

$$\text{DTFT}[x_1(n-m)] = e^{-j\omega m}X_1(e^{j\omega}) \tag{6-30}$$

$$\text{DTFT}[e^{jan}x_1(n)] = X_1(e^{j(\omega-a)}) \tag{6-31}$$

离散时间傅里叶变换的微分性质：

$$\text{DTFT}[nx_1(n)] = -j\frac{dX_1(e^{j\omega})}{d\omega} \tag{6-32}$$

离散时间傅里叶变换的共轭性质：

$$\text{DTFT}[x^*(n)] = X^*(e^{-j\omega}) \tag{6-33}$$

离散时间傅里叶变换的翻转性质：

$$\text{DTFT}[x(-n)] = X^*(e^{j\omega}) \tag{6-34}$$

实数信号的离散时间傅里叶变换的对称性质：

$$\text{Re}[X(e^{j\omega})] = \text{Re}[X(e^{-j\omega})], \quad \text{Im}[X(e^{j\omega})] = -\text{Im}[X(e^{-j\omega})] \tag{6-35}$$

$$\mathrm{Re}[X(\mathrm{e}^{\mathrm{j}\omega})]=\mathrm{DTFT}\left[\frac{x(n)+x(-n)}{2}\right]$$

$$\mathrm{Im}[X(\mathrm{e}^{\mathrm{j}\omega})]=\mathrm{DTFT}\left[\frac{x(n)-x(-n)}{2}\right] \tag{6-36}$$

偶对称实数信号的离散时间傅里叶变换的对称性质：

$$\mathrm{Re}[X(\mathrm{e}^{\mathrm{j}\omega})]=\mathrm{Re}[X(\mathrm{e}^{-\mathrm{j}\omega})],\quad \mathrm{Im}[X(\mathrm{e}^{\mathrm{j}\omega})]=0 \tag{6-37}$$

奇对称实数信号的离散时间傅里叶变换的对称性质：

$$\mathrm{Re}[X(\mathrm{e}^{\mathrm{j}\omega})]=0,\quad \mathrm{Im}[X(\mathrm{e}^{\mathrm{j}\omega})]=-\mathrm{Im}[X(\mathrm{e}^{-\mathrm{j}\omega})] \tag{6-38}$$

频域的卷积定理：

$$\mathrm{DTFT}[x_1(n)\otimes x_2(n)]=X_1(\mathrm{e}^{\mathrm{j}\omega})X_2(\mathrm{e}^{\mathrm{j}\omega}) \tag{6-39}$$

$$\mathrm{DTFT}[x_1(n)x_2(n)]=\frac{1}{2\pi}\int_{-\pi}^{\pi}X_1(\mathrm{e}^{\mathrm{j}\theta})X_2(\mathrm{e}^{\mathrm{j}(\omega-\theta)})\,\mathrm{d}\theta \tag{6-40}$$

频域的帕塞瓦尔定理：

$$\sum_{n=-\infty}^{+\infty}x_1(n)x_2^*(n)=\frac{1}{2\pi}\int_{-\pi}^{\pi}X_1(\mathrm{e}^{\mathrm{j}\omega})X_2^*(\mathrm{e}^{\mathrm{j}\omega})\,\mathrm{d}\omega \tag{6-41}$$

$$\sum_{n=-\infty}^{+\infty}|x(n)|^2=\frac{1}{2\pi}\int_{-\pi}^{\pi}|X(\mathrm{e}^{\mathrm{j}\omega})|^2\,\mathrm{d}\omega \tag{6-42}$$

6.1.2 相关MATLAB函数语法介绍

1. 计算模

作用：数值的绝对值与复数的幅值。

语法介绍：y=abs(x)返回参量x的每个分量的绝对值，若x为复数，则返回每个分量的幅值。

例6.1 对向量$\boldsymbol{A}$=[−8.3+i,0.5,3.1415926,5.32,−0.8,2+6.6i]中的每个元素求绝对值。

```
x = [ - 8.3 + i,0.5,3.1415926,5.32, - 0.8,2 + 6.6i]
x =  - 8.3000 + 1.0000i  0.5000    3.1416    5.3200   - 0.8000     2.0000 + 6.6000i
y = abs(x)
y = 8.3600    0.5000    3.1416    5.3200    0.8000    6.8964
```

2. 计算实部

作用：求复数的实部部分。

语法介绍：y=real(x) 函数计算复数的实数部分。输出结果与输入的维数相同，返回值为复数数组x中的每个复数的实部。

3. 计算虚部

作用：求复数的虚部部分。

语法介绍：y=imag(x) 函数计算复数的虚数部分。输出结果与输入的维数相同，返回值为复数数组 x 中的每个复数的虚部。

例 6.2 求复数的虚部。

```
x = [ - 8.3i,5,2 + 6.6i]
x =      0 - 8.3000i    5.0000    2.0000 + 6.6000i
y = real(x)
y =      0     5     2
x = [ - 8.3i,5,2 + 6.6i]
y = imag(x)
x = 0 - 8.3000i    5.0000         2.0000 + 6.6000i
y =  - 8.3000         0     6.6000
```

4. 计算相位

作用：求复数的相位角。

语法介绍：p=angle(z)。该函数为复数数组 z 的每个元素返回相位角(以弧度为单位)。此角度介于$\pm\pi$之间。

例 6.3 求复数的相位角。

```
x = [3i,5,2 + 6i]
y = angle(x)
x = 0 + 3.0000i    5.0000    2.0000 + 6.0000i
y = 1.5708     0     1.2490
```

5. 更正相位角

作用：更正相位角以生成更平滑的相位图。

语法介绍：Q=unwrap(P)。当 P 的连续元素之间的绝对跃变大于或等于 π 弧度的默认跃变容差时，函数将通过在向量 P 中增加 $\pm 2\pi$ 的倍数来更正弧度相位角。若 P 是矩阵，则函数将按列运算。若 P 是一个多维数组，则函数对第一个非单一维度进行运算。

6. 计算频率响应

作用：绘制频率响应。

语法介绍：freqz(b,a)，绘制 IIR 系统的频率响应。其中，b 和 a 为系统函数的系数，与 zplane()函数用法相同；freqz(b)，绘制 FIR 系统的频率响应，b 为 FIR 系统的单位样值响应；[h,w]=freqz(b,a)，得到系统的频率响应，在$[0,\pi]$区间内共 512 个采样值。

例 6.4 绘制差分方程 $y(n)+0.512y(n-3)=x(n)-0.6561x(n-4)$所描述的离散时间系统的幅频响应曲线。

```
b = [1,0,0,0, - 0.6561]; a = [1,0,0,0.512];
[h,w] = freqz(b,a); freqz(b,a);
Figure; plot(w/pi,20 * log10(abs(h)));
xlabel('Normalized Frequency (\times\pi rad/sample)')
ylabel('Magnitude(dB)'); grid on
```

运行程序,结果如图 6.1 所示。

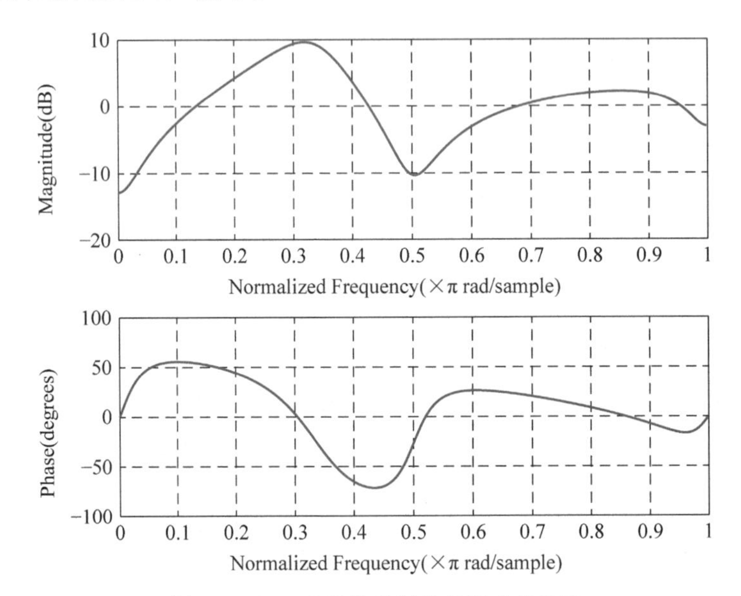

图 6.1 freqz()函数绘制的幅频响应曲线

自行绘制幅频响应图,如图 6.2 所示。

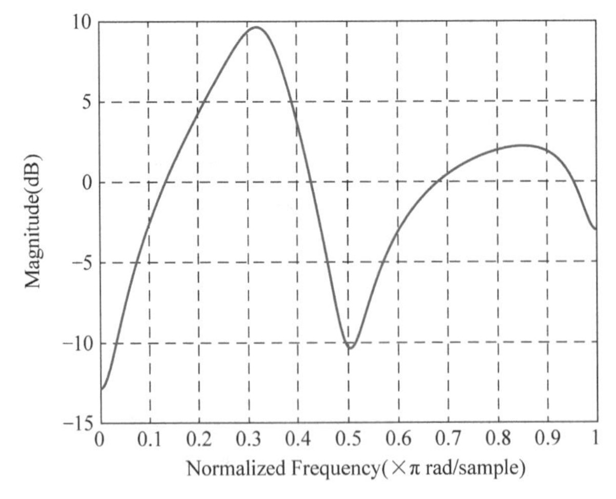

图 6.2 自行绘制的幅频响应图

7. 计算相位延迟

作用：绘制相位延迟。

语法介绍：phasedelay(b,a)，绘制 IIR 系统的相位延迟。其中，b 和 a 为系统函数的系数，与 zplane()函数用法相同；phasedelay(d)，绘制 FIR 系统的相位延迟，d 为 FIR 系统的单位样值响应；[phi,w]=phasedelay(b,a)，得到系统的相位延迟，在[0,π]区间内共 512 个采样值。

8. 计算群延迟

作用：绘制群延迟。

语法介绍：grpdelay(b,a)，绘制 IIR 系统的群延迟。其中，b 和 a 为系统函数的系数，与 zplane()函数用法相同；grpdelay(d)，绘制 FIR 系统的群延迟，d 为 FIR 系统的单位样值响应；[gd,w]=grpdelay(b,a)，得到系统的群延迟，在[0,π]区间内共 512 个采样值。

9. 可视化系统属性

作用：集成显示系统的各种属性。

语法介绍：fvtool(b,a)，绘制 IIR 系统的频率响应、群延迟、相位延迟、单位样值响应、阶跃响应、零极点图。其中，b 和 a 为系统函数的系数，与 zplane()函数用法相同；fvtool(d)，绘制 FIR 系统的频率响应、群延迟、相位延迟、单位样值响应、阶跃响应、零极点图。d 为 FIR 系统的单位样值响应。

6.2 实验示例

例 6.5 对 $x(n)=(0.5)^n u(n)$ 求 DTFT，在[0,π]上的 501 个等分点上求值，并画出它的幅度、相位、实部和虚部。解题步骤如下：

(1) 计算 DTFT 表达式 $X(\mathrm{e}^{\mathrm{j}\omega})=\dfrac{\mathrm{e}^{\mathrm{j}\omega}}{\mathrm{e}^{\mathrm{j}\omega}-0.5}$；

(2) 将表达式转换为 MATLAB 语言：X=exp(j * w)./(exp(j * w)-0.5 * ones(1,501))；

(3) 画出它的幅度、相位、实部和虚部。

```
w = [0:500] * pi/500;
X = exp(j * w)./(exp(j * w) - 0.5 * ones(1,501));
magX = abs(X);
angX = angle(X);
realX = real(X);
imagX = imag(X);
```

```
subplot(2,2,1);
plot(w/pi,magX);grid
xlabel('frequency in pi units');
ylabel('Magnitude');
title('Magnitude Part')
subplot(2,2,2);
plot(w/pi,angX);grid
xlabel('frequency in pi units');
ylabel('Radians');
title('Angle Part')
subplot(2,2,3);
plot(w/pi,realX);grid
xlabel('frequency in pi units');
ylabel('Real Part');title('Real Part')
subplot(2,2,4);
plot(w/pi,imagX);grid
xlabel('frequency in pi units');
ylabel('Imaginary');
title('Imaginary Part')
```

运行程序,结果如图 6.3 所示。

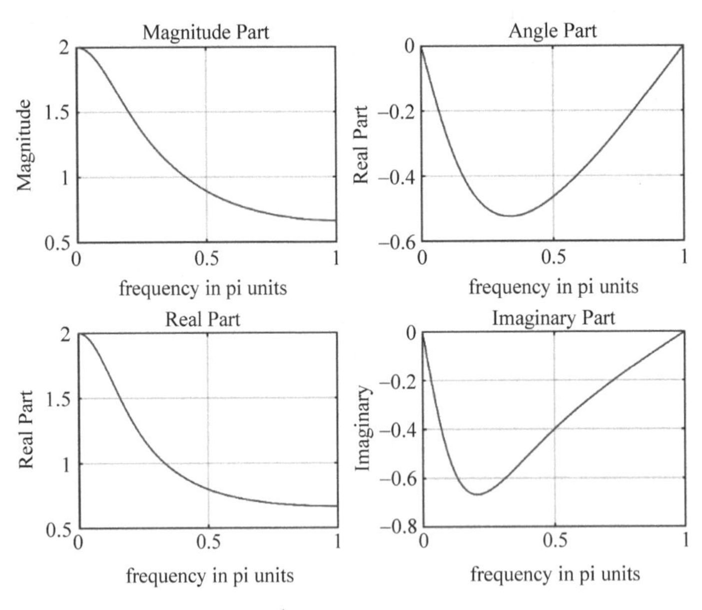

图 6.3　$X(e^{j\omega})$的幅度、相位、实部、虚部

例 6.6　对有限长信号 $x(n)=\{1,2,3,4,5\}$的 DTFT,在$[0,\pi]$的 501 个等分频率上进行数值求解。

```
n = [ - 1:3];
x = 1:5;k = [0:500];
w = (pi/500) * k;
X = x * exp( - j * (pi/500)).^(n' * k);
magX = abs(X);
angX = angle(X);
realX = real(X);imagX = imag(X);
subplot(2,2,1);plot(k/500,magX);grid on
xlabel('w');ylabel('Magnitude');
title('Magnitude Part')
subplot(2,2,2);
plot(k/500,angX/pi);grid on
xlabel('w');ylabel('Radians');title('Angle Part')
subplot(2,2,3);plot(k/500,realX);grid
xlabel('w');ylabel('Real Part');title('Real Part')
subplot(2,2,4);plot(k/500,imagX);grid
xlabel('w');ylabel('Imaginary');
title('Imaginary Part');
```

运行程序,结果如图 6.4 所示。

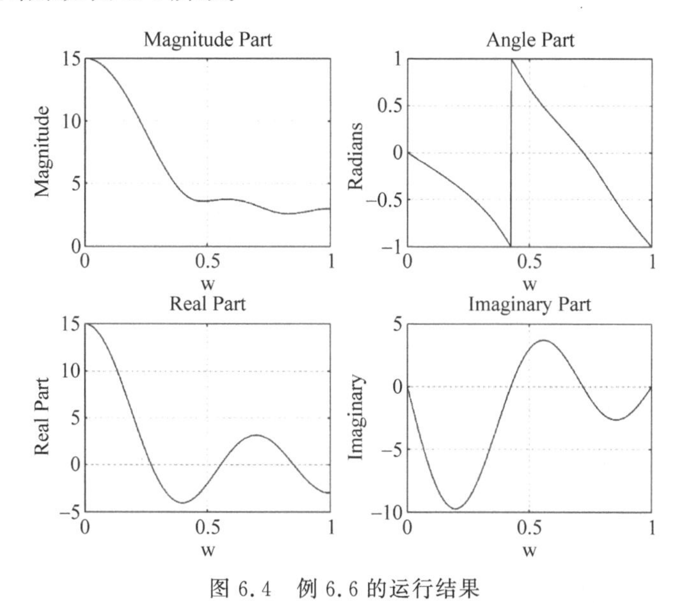

图 6.4 例 6.6 的运行结果

例 6.7 设信号 $x(n)=3\delta(n+1)+2\delta(n)+\delta(n-1)+2\delta(n-2)+3\delta(n-3)$。用 MATLAB 计算其 DTFT,并画图表示。

```
n = - 1:3;
x = [3,2,1,2,3];
k = 0:500;
```

```
w = (pi/500) * k;
X = x * (exp( - j * pi/500)).^(n' * k);
magX = abs(X);
angX = angle(X);
subplot(2,1,1);
plot(w/pi,magX);
title('幅度响应');grid
ylabel('幅度');
xlabel('以\pi 为单位的频率');
subplot(2,1,2);
plot(w/pi,angX);title('相位响应');grid
ylabel('相位/\pi');
xlabel('以\pi 为单位的频率');
```

运行程序,结果如图 6.5 所示。

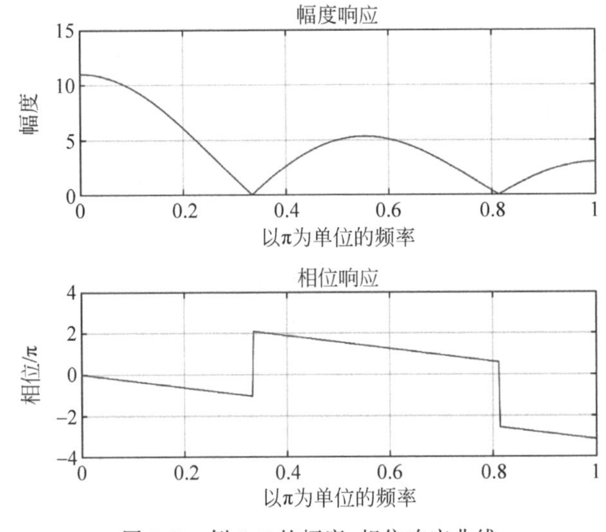

图 6.5 例 6.7 的幅度、相位响应曲线

例 6.8 某因果系统的差分方程如下:

$$y(n)-1.82y(n-1)+1.18y(n-2)-0.278y(n-3)$$
$$=0.081x(n)+0.043x(n-1)+0.05x(n-2)$$

计算系统的频率响应,并用图表示。

```
b = [0.081,0.043,0.05];
a = [1, - 1.82,1.18, - 0.278];
m = 0:length(b) - 1;l = 0:length(a) - 1;
w = [0:500] * pi/500;
num = b * exp( - j * m' * w);den = a * exp( - j * l' * w);H = num./den;
magH = abs(H);angH = angle(H);
```

```
subplot(2,1,1);
plot(w/pi,magH);title('幅度响应');grid
ylabel('幅度');xlabel('以\pi 为单位的频率');
subplot(2,1,2);
plot(w/pi,angH);title('相位响应');grid
ylabel('相位/\pi');xlabel('以\pi 为单位的频率');
```

运行程序,结果如图 6.6 所示。

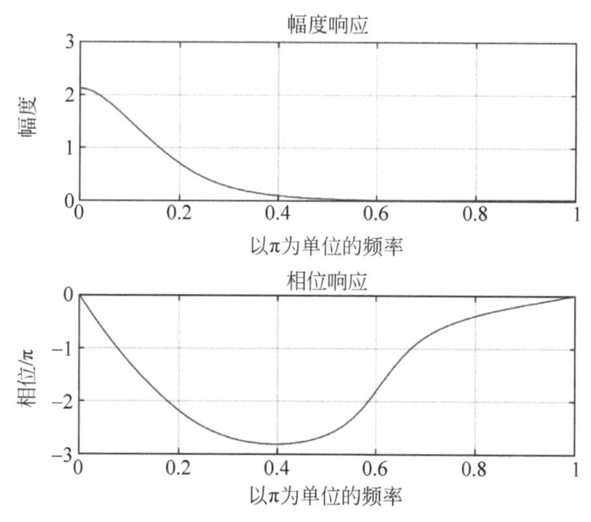

图 6.6　例 6.8 的频率响应曲线

例 6.9　分析 $H_1(z)$,$H_2(z)$系统幅频特点与系统函数极零点位置之间的关系。

$$H_1(z)=\frac{(z-2e^{j0.5\pi})(z-2e^{-j0.5\pi})}{(z-0.88e^{j0.5\pi})(z-0.88e^{-j0.5\pi})}$$

$$H_2(z)=\frac{(z-2e^{j0.5\pi})(z-2e^{-j0.5\pi})}{(z-0.58e^{j0.5\pi})(z-0.58e^{-j0.5\pi})}$$

解:两个系统都有两个极点、两个零点,仿真画出系统的幅频响应如图 6.7 所示,从图中看出系统 1 幅频峰值的位置在 0.25π 附近,谷值确切在 0.5π 位置。系统 2 幅频的谷值仍在 0.5π 位置,但是幅频峰值在 0 处,而不在 0.25π 的位置。

系统 1:

```
b = [1, - 2 * (exp( - 0.5 * pi * i) + exp(0.5 * pi * i)),4];
a = [1, - 0.88 * (exp( - 0.25 * pi * i) + exp(0.25 * pi * i)),0.7744];
figure(1);zplane(b,a);
title('系统 1 极零点分布图');
figure(2);Fs = 1024;freqz(b,a,Fs); grid on
title('系统 1 幅度频率响应曲线');
```

运行程序,结果如图 6.7 所示。

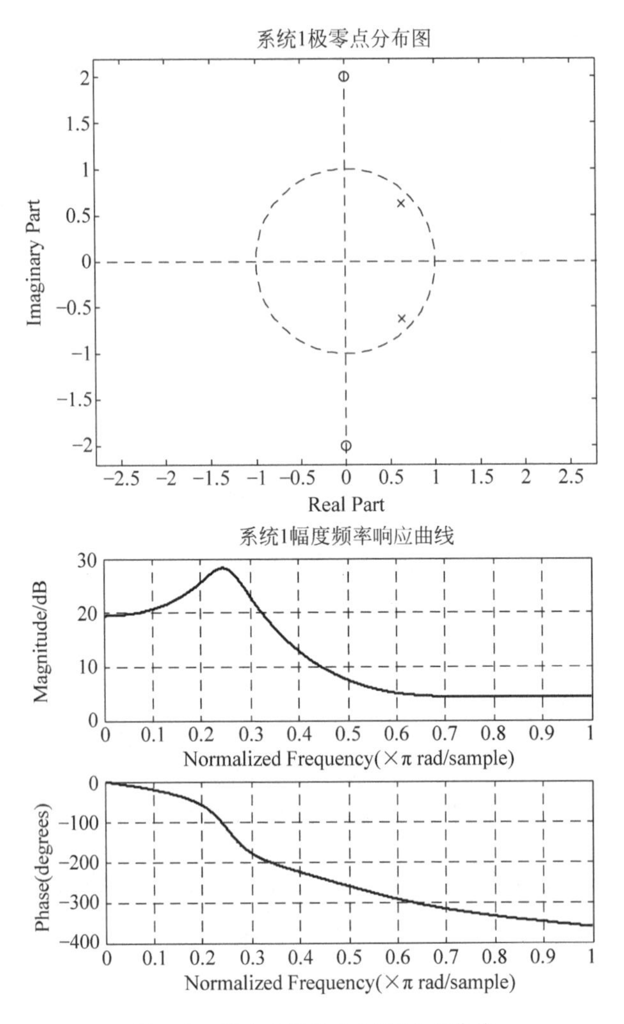

图 6.7　例 6.9 系统 1 幅频响应曲线

系统 2:

```
b = [1, - 2 * (exp( - 0.5 * pi * i) + exp(0.5 * pi * i)),4];
a = [1, - 0.58 * (exp( - 0.25 * pi * i) + exp(0.25 * pi * i)),0.3364];
figure(1); zplane(b,a); title('系统 2 极零点分布图');
figure(2); Fs = 1024; freqz(b,a,Fs);
title('系统 2 幅度频率响应曲线');
```

运行程序,结果如图 6.8 所示。

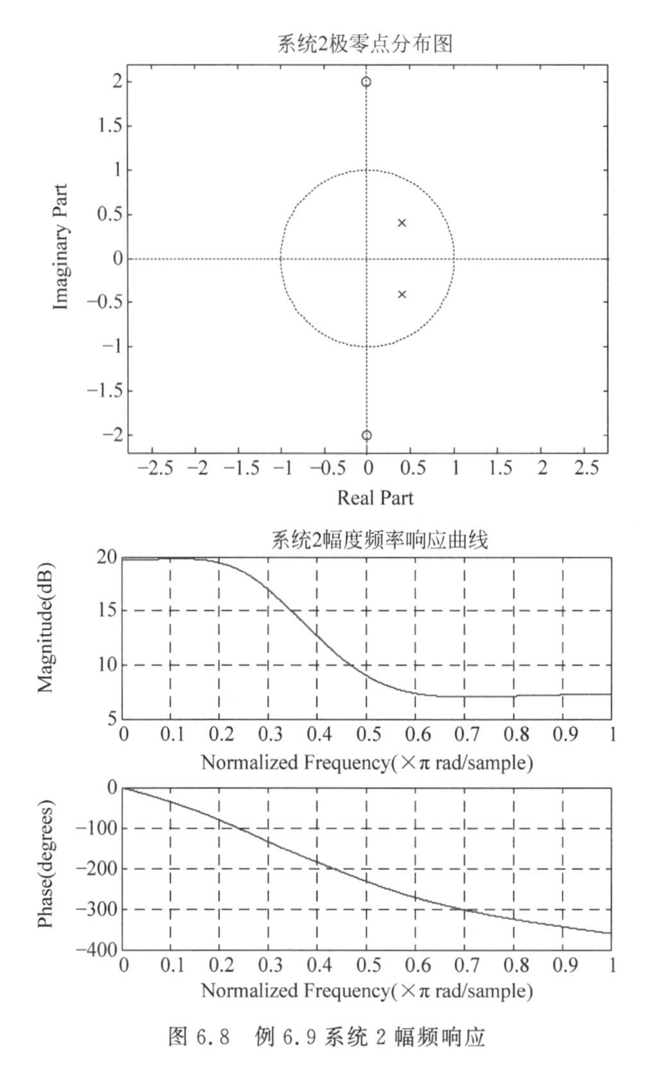

图 6.8 例 6.9 系统 2 幅频响应

6.3 练习题

6.1 分别绘制如下离散时间系统的零极点图、频率响应图、相位延迟图、群延迟图，并根据幅频响应说明系统的滤波特性，根据相频响应图说明系统的相位特性。

(1) 已知差分方程 $y(n)+0.25y(n-1)-0.125y(n-2)=x(n)-x(n-1)$。

(2) 已知单位样值响应 $h(n)=0.5^n\cos\left(\frac{\pi n}{2}\right)u(n)$。

(3) 已知单位样值响应如题图 6.1.1 所示。

(4) 已知系统函数 $H(z)=\frac{(z-a)(z-b)}{(1-az)(1-bz)}$，$a\neq b$，$a,b\in\mathbf{R}$。

(5) 已知系统零极点图如题图 6.1.2 所示。

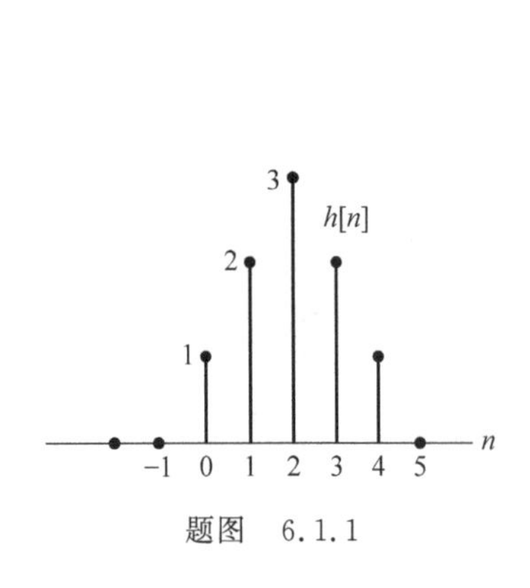

题图 6.1.1

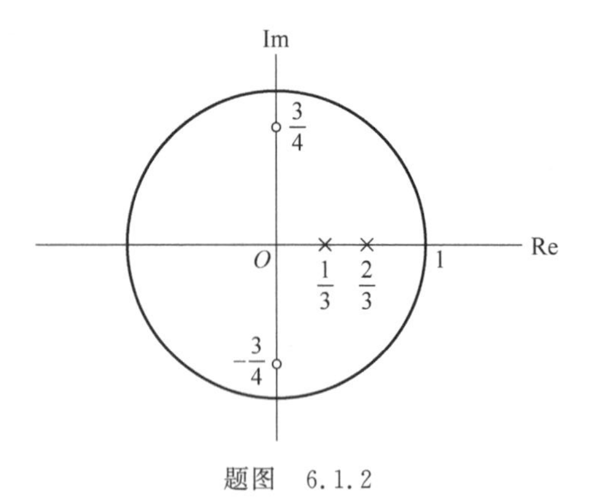

题图 6.1.2

(6) 由如题图 6.1.3 所示 2 个离散时间系统级联而成。

(7) 由三个离散时间系统组合而成,如题图 6.1.4 所示。

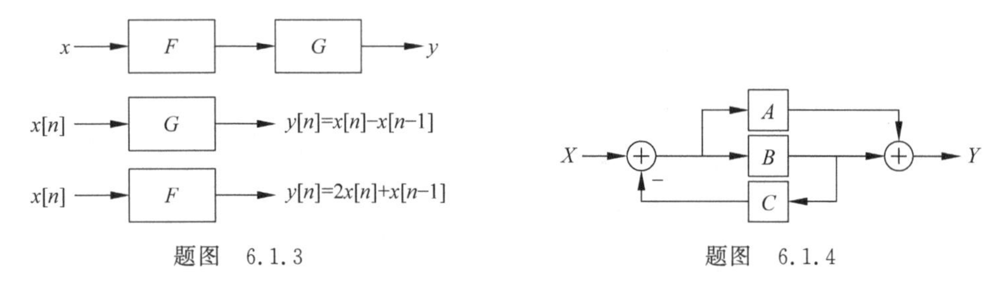

题图 6.1.3　　题图 6.1.4

其中 $H_A(z)=\dfrac{z}{z-0.3}$,$H_B(z)=\dfrac{z}{z-0.3}$,$H_C(z)=\dfrac{z}{z-0.2}$。

6.2 某 FIR 离散 LTI 系统具有 16 个零点,其中包括 0.9,−0.9,0.8+0.8j,0.9j,0.9−0.7j,该系统的幅频响应最大值为 2,写出该系统的系统函数,绘制全部零极点图、频率响应图、相位延迟图和群延迟图。

6.3 已知某离散时间系统的单位样值响应为 $h(n)=(1.2^n+0.8^n)u(n)$,写出该系统的系统函数,绘制零极点图并手绘幅频响应图。通过级联一个全通系统,使得该系统变成一个稳定系统。绘制并比较级联前后的幅频响应和相频响应图。

6.4 已知某离散时间系统的单位样值响应为 $h(n)=(1.6^n+1.8^n)u(n)$,写出该系统的系统函数,绘制零极点图并手绘幅频响应图。通过级联一个全通系统,使得该系统变成一个最小相位系统。绘制并比较级联前后的幅频响应和相频响应图。

6.5 计算如下离散 LTI 系统的单位样值响应的 DTFT 变换,然后用 MATLAB 的 freqz()函数绘制其幅频响应和相频响应,N 取 3~10 的数。

(1) $h_1(n)=1,n=-N,\cdots,0,1,\cdots,N$;

(2) $h_2(n)=1,n=0,1,\cdots,N$;

(3) $h_3(n)=1,n=-N,-N+1,\cdots,-1,0$;

(4) 分析上述三个结果之间的关系;

(5) $h_4(n)=\cos(n\pi/6),n=0,1,2,\cdots,11$;

(6) $h_5(n)=\cos(n\pi/6)$，$n=0,1,2,\cdots,23$；

(7) $h_6(n)=\cos(n\pi/6)$，$n=0,1,2,\cdots,47$；

(8) 分析上述三个结果之间的关系。

6.6 已知因果离散时间信号 $x(n)=\{1,0,1,0,1,0,1,0,1\}$ 和 $y(n)=\{4,3,2,1,0,1,2,3,4\}$，在 MATLAB 中，

(1) 验证 $\mathrm{DTFT}\{x(n)*y(n)\}=X(\mathrm{e}^{\mathrm{j}\omega})\cdot Y(\mathrm{e}^{\mathrm{j}\omega})$，要分别验证幅度和相位；

(2) 验证 $\mathrm{DTFT}\{x(n)\cdot y(n)\}=\dfrac{1}{2\pi}\int_{-\pi}^{\pi}X(\mathrm{e}^{\mathrm{j}\theta})Y(\mathrm{e}^{\mathrm{j}(\omega-\theta)})\mathrm{d}\theta$，求积分用 trapz() 函数。

6.7 证明所有零点都在单位圆内部的系统(也就是最小相位延迟系统)在所有幅频响应相同且因果的 LTI 系统中，相位延迟最小，举例绘图验证。

6.8 证明所有零点都在单位圆内部的系统(也就是最小相位延迟系统)在所有幅频响应相同且因果的 LTI 系统中，群延迟最小，举例绘图验证。

6.9 证明所有零点都在单位圆内部的系统(也就是最小相位延迟系统)在所有幅频响应相同且因果的 LTI 系统中，能量延迟最小，举例绘图验证。

6.10 证明在单位圆上存在一阶零点时，相频响应在零点附近产生 $-180°$ 的突变，举例绘图验证。

6.11 四种满足 $h(n)=\pm h(N-n-1)$ 的 FIR 系统的相频响应都是线性的，分别证明，并各举一例，用 MATLAB 绘图验证。

6.12 已知某离散时间系统可用差分方程 $y(n)=x(n)-x(n-8)$ 表示，手工绘制该系统的幅频响应草图。若有连续时间信号 $x(t)=\sin(150\pi t)+\cos(300\pi t)$，对其进行采样，在保证不产生信号混叠的情况下：

(1) 当采样频率最小是多少时，使用上述系统可以滤除该信号中的余弦成分而保留正弦成分？

(2) 当采样频率最大是多少时，使用上述系统可以滤除该信号中的余弦成分而保留正弦成分？

第7章 离散傅里叶变换

7.1 基础理论及相关 MATLAB 函数语法介绍

7.1.1 基础理论

1. 离散傅里叶变换 DFT

N 点有限长信号 $x(n)$ 的 N 点离散傅里叶变换及 N 点离散傅里叶逆变换的定义如下：

$$X(k)=\mathrm{DFT}[x(n)]=\sum_{n=0}^{N-1}x(n)W_N^{kn} \tag{7-1}$$

$$x(n)=\mathrm{IDFT}[X(k)]=\frac{1}{N}\sum_{k=0}^{N-1}X(k)W_N^{-kn} \tag{7-2}$$

其中 $W_N=\mathrm{e}^{-\mathrm{j}\frac{2\pi}{N}}$，联系 DTFT、ZT 和 DFT，可以得到

$$X(k)=X(z)\,|\,z=W_N^{-k}=\mathrm{e}^{\frac{\mathrm{j}2\pi k}{N}} \tag{7-3}$$

$$X(k)=X(\mathrm{e}^{\mathrm{j}\omega})\Big|_{\omega=\frac{2\pi k}{N}} \tag{7-4}$$

由此说明，信号 $x(n)$ 的 N 点 DFT 相当于是在 $x(n)$ 的 Z 变换的单位圆上进行 N 点等间隔取样，同时第一个取样点应取在 $z=1$ 处。$X(k)$ 是 $x(n)$ 的傅里叶变换 $X(\mathrm{e}^{\mathrm{j}\omega})$ 在区间 $[0,2\pi]$ 上的 N 点等间隔取样。

2. 离散傅里叶级数 DFS

任何周期为 N 的周期信号 $\tilde{x}(n)$ 都可以看作长度为 N 的有限长信号 $x(n)$ 的周期延拓信号，而 $x(n)$ 则是 $\tilde{x}(n)$ 的一个周期。

$$\tilde{x}(n)=\sum_{m=-\infty}^{+\infty}x(n+mN) \tag{7-5}$$

周期为 N 的周期信号 $\tilde{x}(n)$ 的离散傅里叶级数及其逆变换定义为

$$\widetilde{X}(k)=\mathrm{DFS}[\tilde{x}(n)]=\sum_{n=0}^{N-1}\tilde{x}(n)W_N^{kn}=\sum_{n=0}^{N-1}x(n)W_N^{kn} \tag{7-6}$$

$$\tilde{x}(n)=\frac{1}{N}\sum_{k=0}^{N-1}\widetilde{X}(k)W_N^{-kn}=\frac{1}{N}\sum_{k=0}^{N-1}X(k)W_N^{-kn} \tag{7-7}$$

需要注意的是，离散傅里叶级数和离散傅里叶变换的表达式虽然相同，但是前者针对的是离散的周期信号，后者针对的是离散的有限长信号。

3. DFS 和 DFT 的性质

离散傅里叶级数的周期性质：

$$\widetilde{X}(k+rN)=\widetilde{X}(k) \tag{7-8}$$

离散傅里叶变换的线性性质：

$$\mathrm{DFT}[ax_1(n)+bx_2(n)]=aX_1(k)+bX_2(k) \tag{7-9}$$

离散傅里叶变换的移位性质：

$$\mathrm{DFT}[x_1(n-m)_N]=W_N^{mk}X_1(k) \tag{7-10}$$

$$\mathrm{DFT}[W_N^{-nl}x_1(n)]=X_1((k-l))_N \tag{7-11}$$

离散傅里叶变换的共轭性质：

$$\mathrm{DFT}[x^*(n)]=X^*(-k) \tag{7-12}$$

离散傅里叶变换的翻转性质：

$$\mathrm{DFT}[x(-n)]=X^*(k) \tag{7-13}$$

离散傅里叶变换的对偶性质：

$$\mathrm{DFT}[X(n)]=Nx(-k)_N \tag{7-14}$$

离散频域的卷积定理：

$$\mathrm{DFT}[x_1(n)Nx_2(n)]=X_1(k)X_2(k) \tag{7-15}$$

$$\mathrm{DFT}[x_1(n)x_2(n)]=\frac{1}{N}X_1(k)NX_2(k) \tag{7-16}$$

离散频域的帕塞瓦尔定理：

$$\sum_{n=0}^{N-1}x(n)y^*(n)=\frac{1}{N}\sum_{k=0}^{N-1}X(k)Y^*(k) \tag{7-17}$$

$$\sum_{n=0}^{N-1}|x(n)|^2=\frac{1}{N}\sum_{k=0}^{N-1}|X(k)|^2 \tag{7-18}$$

4. 按时间抽取基-2 FFT 算法

DFT 在实际应用中很重要：可以计算信号的频谱、功率谱和线性卷积等。如果直接按 DFT 变换进行计算，当信号长度 N 很大时，计算量非常大，所需时间会很长。设复信号 $x(n)$ 长度为 N 点，计算其 N 点 DFT 需要的复数乘法次数为 N^2，复数加法次数为 $N(N-1)$，对应的实数乘法次数为 $4N^2$，对应的实数加法次数为 $2N(2N-1)$。当 N 很大时，其运算量很大，对实时性很强的信号处理来说，要求计算速度快，因此需要改进 DFT 的计算方法，以大大减少运算次数。主要利用系数 W_N^{kn} 的以下特性对 DFT 进行分解，以减少运算工作量。

(1) 对称性：

$$(W_N^{nk})^*=W_N^{-nk}=W_N^{k(N-n)} \tag{7-19}$$

(2) 周期性：

$$W_N^{(n+N)k}=W_N^{n(k+N)}=W_N^{nk} \tag{7-20}$$

(3) 可约性：

$$W_{mN}^{mnk}=W_N^{nk},\quad W_N^{nk}=W_{N/m}^{nk/m} \tag{7-21}$$

(4) 特殊值：

$$W_N^{N/2}=-1,\quad W_N^{(k+N/2)}=-W_N^k \tag{7-22}$$

设 $N=2^L$，将 $x(n)$ 按 n 的奇偶分为两组：$x(2r)=x_1(r)$，$x(2r+1)=x_2(r)$。若 $X_1(k)$ 和 $X_2(k)$ 分别是 $x_1(n)$ 和 $x_2(n)$ 的 $N/2$ 点 DFT，则有

$$\begin{aligned} X(k) &= \sum_{n=0}^{N-1} x(n)W_N^{nk} = \sum_{r=0}^{N/2-1} x(2r)W_N^{2rk} + \sum_{r=0}^{N/2-1} x(2r+1)W_N^{(2r+1)k} \\ &= \sum_{r=0}^{N/2-1} x_1(r)W_{N/2}^{rk} + W_N^k \sum_{r=0}^{N/2-1} x_2(r)W_{N/2}^{rk} \\ &= X_1(k) + W_N^k X_2(k), \quad k=0,1,\cdots,N/2-1 \end{aligned} \tag{7-23}$$

利用 $W_{N/2}^{r(N/2+k)}=W_{N/2}^{rk}$，可得到

$$X_1(N/2+k) = \sum_{r=0}^{N/2-1} x_1(r)W_{N/2}^{r(N/2+k)} = \sum_{r=0}^{N/2-1} x_1(r)W_{N/2}^{rk} = X_1(k) \tag{7-24}$$

同理可得

$$X_2(N/2+k) = X_2(k) \tag{7-25}$$

鉴于 $W_N^{(N/2+k)}=W_N^{N/2}\cdot W_N^k=-W_N^k$，$\quad k=0,1,\cdots,N/2-1$，可得

$$X(k+N/2) = X_1(k+N/2) + W_N^{k+N/2}X_2(k+N/2) = X_1(k) - W_N^k X_2(k) \tag{7-26}$$

因此，只要求出 2 个 $N/2$ 点的 DFT，即 $X_1(k)$ 和 $X_2(k)$，再经过图 7.1 所示蝶形运算，就可求出全部 $X(k)$ 的值，运算量大大减少。

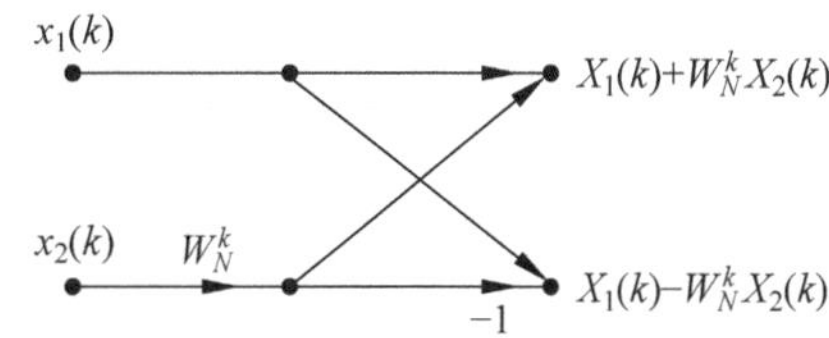

图 7.1　FFT 第一次分解图

图 7.1 中，某一列任何两个节点 k 和 j 进行蝶形运算后，得到的结果为下一列 k 和 j 两节点的节点变量，而与其他节点变量无关。这种原位运算结构可以节省存储单元，降低设备成本。

若 $N=2^L$，因 $N/2$ 仍是偶数，可以进一步把每个 $N/2$ 点信号再按其奇偶部分分解为两个 $N/4$ 点的子序列。以 $N/2$ 点序列 $x_1(r)$ 为例：

$$\begin{cases} x_1(2l) = x_3(l) \\ x_1(2l+1) = x_4(l) \end{cases}, \quad l=0,1,\cdots,N/4-1 \tag{7-27}$$

$$\begin{aligned} X_1(k) &= \sum_{r=0}^{N/2-1} x_1(r)W_{N/2}^{rk} \\ &= \sum_{l=0}^{N/4-1} x_1(2l)W_{N/2}^{2lk} + \sum_{l=0}^{N/4-1} x_1(2l+1)W_{N/2}^{(2l+1)k} \\ &= \sum_{l=0}^{N/4-1} x_3(l)W_{N/4}^{lk} + W_{N/2}^k \sum_{l=0}^{N/4-1} x_4(l)W_{N/4}^{lk} \\ &= X_3(k) + W_{N/2}^k X_4(k) \end{aligned} \tag{7-28}$$

同理：

$$X_1(N/4+k) = X_3(k) - W_{N/4}^k X_4(k), \quad k=0,1,\cdots,N/4-1 \tag{7-29}$$

由此可见，一个 $N/2$ 点 DFT 可分解成两个 $N/4$ 点 DFT。同理，也可对 $x_2(n)$进行同样的分解，求出 $X_2(k)$。当 $N=8$ 时，最后剩下的都是 2 点的 DFT，以 $X_3(k)$为例：

$$X_3(k)=\sum_{l=0}^{N/4-1}x_3(l)W_{\frac{N}{4}}^{lk}=\sum_{l=0}^{1}x_3(l)W_{\frac{N}{4}}^{lk},\quad k=0,1 \tag{7-30}$$

$$X_3(0)=x_3(0)+W_2^0x_3(1)=x(0)+W_2^0x(4)=x(0)+W_N^0x(4) \tag{7-31}$$

$$X_3(1)=x_3(0)+W_2^1x_3(1)=x(0)+W_2^1x(4)=x(0)-W_N^0x(4) \tag{7-32}$$

这说明，$N=2^M$ 点的离散信号的 DFT 可全部由蝶形运算来完成。当 $N=8$ 时，完整的按时间抽取法 FFT 信号流图如图 7.2 所示。

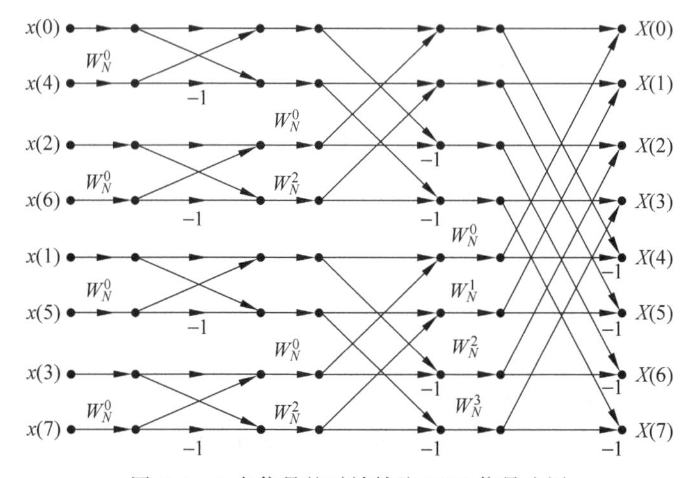

图 7.2　8 点信号的时域抽取 FFT 信号流图

N 点 DFT 需要的复数乘法次数为 N^2，复数加法次数为 $N(N-1)$。分解一次后所需的运算量为两个 $N/2$ 点 DFT 的运算量加 $N/2$ 个蝶形运算，总共的复数乘法次数为 $2(N/2)^2+N/2=(N^2+N)/2$，总共的复数加法次数为 $2\cdot N/2(N/2-1)+N=N^2/2$，因此通过一次分解后，运算工作量减少了差不多一半。由于 $N=2^L$，因而 $N/2$ 仍是偶数，可以进一步把每个 $N/2$ 点信号再按其奇偶部分分解为两个 $N/4$ 点的信号。这样 L 级运算总共需要复数乘法 $N/2\cdot L=N/2\cdot\log_2N$ 次，复数加法 $N\cdot L=N\log_2N$ 次。直接计算 DFT 与 FFT 算法的计算量之比为

$$M=\frac{N^2}{N/2\cdot\log_2N}=\frac{2N}{\log_2N} \tag{7-33}$$

由于信号 $x(n)$被反复地按奇、偶分组，所以流图输入端的排列不再是顺序的，但仍有规律可循。因为 $N=2^M$，对于任意 $n(0\leqslant n\leqslant N-1)$，可以用 M 个二进制码表示为

$$n_{(\mathrm{DEC})}=(n_{M-1}n_{M-2}\cdots n_2n_1n_0)_{(2)},n_{M-1},n_{M-2},\cdots,n_2,n_1,n_0=\begin{cases}0\\1\end{cases} \tag{7-34}$$

n 反复按奇、偶分解时，即按二进制码的“0”“1” 分解，如图 7.3 所示。

以 $N=8$ 为例，码位的倒位序如图 7.4 所示。

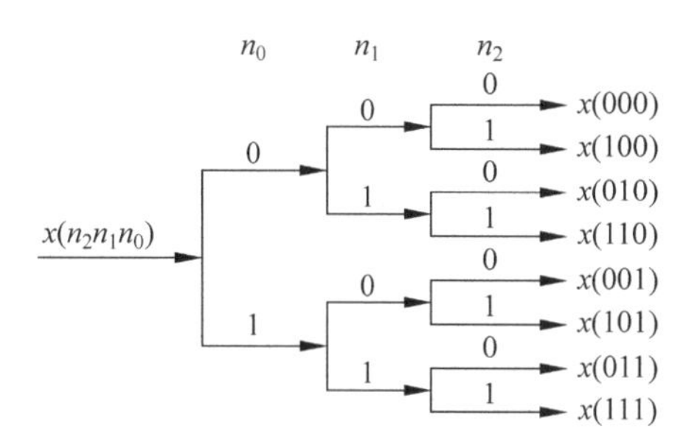

图 7.3　序号二进制编码

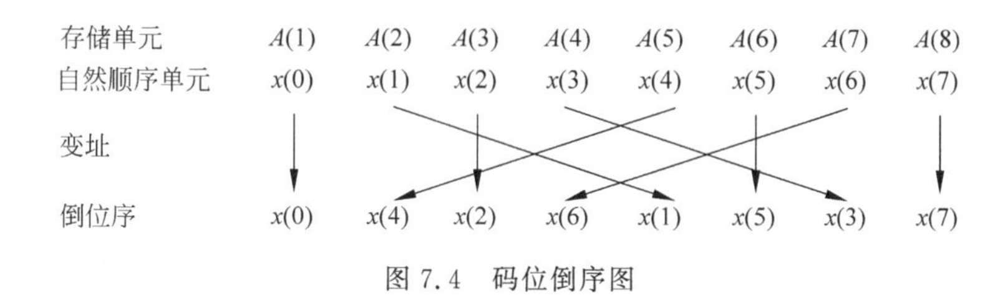

图 7.4　码位倒序图

5. 按频率抽取基-2 FFT 算法

类似按时间抽取基-2 FFT 算法，先把输入分成前后两半：$x(n), 0 \leqslant n \leqslant N/2-1$ 和 $x(n+N/2), 0 \leqslant n \leqslant N/2-1$。再把输出 $X(k)$ 按 k 的奇偶分组。设信号长度为 $N=2^L$，L 为整数。由 DFT 定义可知

$$
\begin{aligned}
X(k) &= \sum_{n=0}^{N-1} x(n) W_N^{nk} = \sum_{n=0}^{N/2-1} x(n) W_N^{nk} + \sum_{n=N/2}^{N-1} x(n) W_N^{nk} \\
&= \sum_{n=0}^{N/2-1} x(n) W_N^{nk} + \sum_{n=0}^{N/2-1} x(n+N/2) W_N^{(n+N/2)k} \\
&= \sum_{n=0}^{N/2-1} \left[x(n) + x(n+N/2) W_N^{\frac{Nk}{2}}\right] \cdot W_N^{nk}
\end{aligned} \tag{7-35}
$$

因为 $W_N^{N/2} = \mathrm{e}^{-\mathrm{j}\pi} = -1$，所以 $W_N^{Nk/2} = (-1)^k$，则

$$
X(k) = \sum_{n=0}^{N/2-1} \left[x(n) + (-1)^k x(n+N/2)\right] W_N^{nk}, \quad k = 0, 1, \cdots, N \tag{7-36}
$$

然后按 k 的奇偶可将 $X(k)$ 分为两部分

$$
\begin{aligned}
X(2r) &= \sum_{n=0}^{N/2-1} \left[x(n) + x(n+N/2)\right] W_N^{2nr} \\
&= \sum_{n=0}^{N/2-1} \left[x(n) + x(n+N/2)\right] W_{N/2}^{nr}
\end{aligned} \tag{7-37}
$$

$$X(2r+1)=\sum_{n=0}^{N/2-1}[x(n)-x(n+N/2)]\cdot W_N^{n(2r+1)}$$
$$=\sum_{n=0}^{N/2-1}\{[x(n)-x(n+N/2)]W_N^n\}\cdot W_{N/2}^{nr} \tag{7-38}$$

令

$$x_1(n)=x(n)+x(n+N/2) \tag{7-39}$$

$$x_2(n)=[x(n)-x(n+N/2)]W_N^n \tag{7-40}$$

可得到

$$X(2r)=\sum_{n=0}^{N/2-1}x_1(n)W_{N/2}^{nr}\quad X(2r+1)=\sum_{n=0}^{N/2-1}x_2(n)W_{N/2}^{nr} \tag{7-41}$$

以 8 点的离散时间信号为例，计算过程如图 7.5 所示。

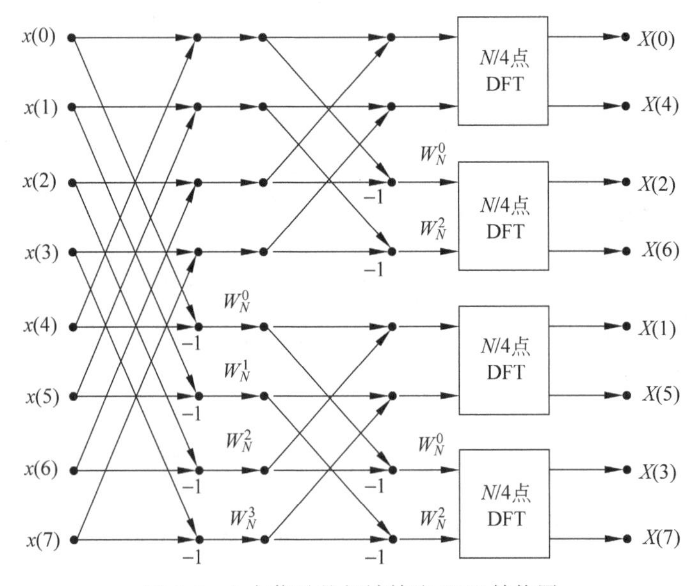

图 7.5　8 点信号的频域抽取 FFT 结构图

频率抽取法与时间抽取法的异同如下：

(1) 频率抽取法输入是自然顺序，输出是倒位序的；时间抽取法正好相反。

(2) 频率抽取法的基本蝶形与时间抽取法的基本蝶形有所不同。

(3) 频率抽取法运算量与时间抽取法相同。

(4) 频率抽取法与时间抽取法的基本蝶形是互为转置的。

6. 快速离散傅里叶逆变换

根据离散傅里叶逆变换定义：

$$x(n)=\text{IDFT}[X(k)]=\frac{1}{N}\sum_{k=0}^{N-1}X(k)W_N^{-nk} \tag{7-42}$$

对比离散傅里叶变换定义：

$$X(k)=\mathrm{DFT}[x(n)]=\sum_{n=0}^{N-1}x(n)W_N^{nk} \tag{7-43}$$

可知，只要把 W_N^{nk} 换成 W_N^{-nk}，当 $N=2^M$ 时，把 M 个 $\frac{1}{2}$ 分解到 M 级蝶形运算中，就可以使用快速离散傅里叶变换进行计算。以 $N=8$ 的离散傅里叶逆变换为例，按频率抽取 IFFT 流图如图 7.6 所示。

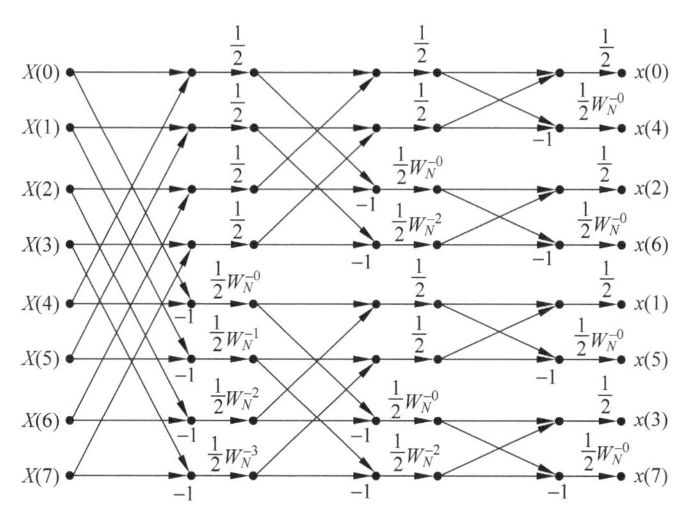

图 7.6　8 点信号的频域抽取 FFT 信号流图

7.1.2　相关 MATLAB 函数语法介绍

1. 求共轭

功能介绍：求复数的共轭值。

语法说明：w=conj(x)。

例 7.1　利用函数 conj()求复数 $x=3+4i$ 的共轭。

```
>> x = 3 + 4i
x =
    3.0000 + 4.0000i
>> y = conj(x)
y =
    3.0000 - 4.0000i
```

例 7.2　对复数 $x=2-2i$ 的综合应用演示。

```
>> x = 2 - 2i;
>> real(x)
ans =
     2
>> imag(x)
ans =
    - 2
>> conj(x)
ans =
     2.0000 + 2.0000i
>> abs(x)
ans =
     2.8284
>> angle(x)
ans =
    - 0.7854
>> atan2d(imag(x),real(x))
ans =
    - 45
```

2. 计算快速傅里叶变换

功能介绍：快速傅里叶变换。

语法说明：X=fft(x)：按照基-2的时间抽取快速算法计算信号x的傅里叶变换，当x的长度为2的整数次幂或者全为实数时，计算的时间会因此缩短。

X=fft(x,N)：补零的傅里叶变换。将x的尾部补0，使x的长度达到N，然后对补0后的数据进行快速傅里叶变换。

例7.3 对于含有正余弦信号并叠加噪声的信号进行快速傅里叶变换，并求得原始信号的频率成分。

```
t = 0:0.001:1;
x = cos(2 * pi * 20 * t) + sin(2 * pi * 40 * t);
y = x + rand(1,length(t));subplot(211);
plot(y(1:50));title('original signal');grid on
Y = fft(y,1024);
P = Y. * conj(Y)/1024;f = 1000 * (0:511)/1024;
subplot(212);plot(f,P(1:512));grid on,grid minor
title(' Power spectral density ');
```

运行程序，结果如图7.7所示。

注解：在原始信号图中很难找到信号的原型，而通过功率谱密度则容易看出，信号中含有频率为33Hz和100Hz的成分。

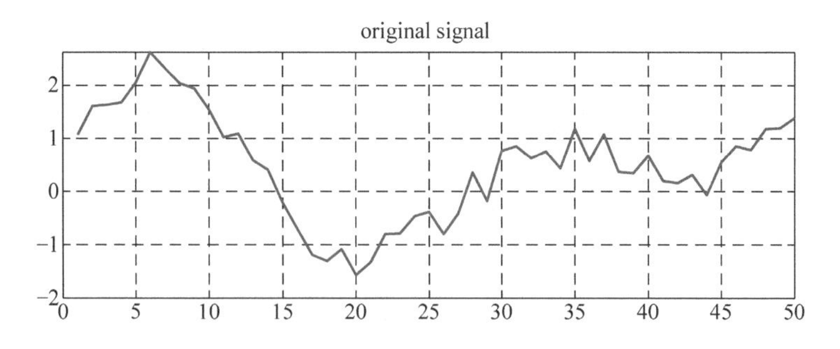

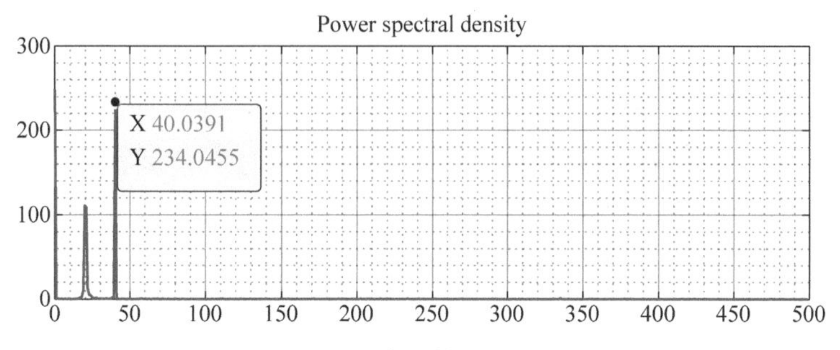

图 7.7 噪声叠加余弦信号并进行频谱分析

3. 计算快速傅里叶逆变换

功能介绍：快速傅里叶逆变换。

语法说明：x=ifft(X)：X 的离散傅里叶逆变换。

x=ifft(X,N)：N 点的离散傅里叶逆变换。

也可以用 fft 函数，借助离散傅里叶变换的共轭对称性来计算离散傅里叶逆变换，x=fft(conj(X),N)/N。

例 7.4 对信号 $x=\sin(20\pi t)+0.8\sin(200\pi t)+0.3\sin(2000\pi t)$先进行傅里叶变换，再进行逆变换，比较逆变换后的图像和原始图像的误差。

```
Fs = 8e3;t = 0:1/Fs:1;len = length(t);
f1 = 10;f2 = 100;f3 = 1000;A1 = 1;A2 = 0.8;A3 = 0.3;MaxS = A1 + A2 + A3;
signal = A1 * sin(2 * pi * f1 * t) + A2 * sin(2 * pi * f2 * t) + ...
A3 * sin(2 * pi * f3 * t);
X = fft(signal,len);magX = abs(X);angX = angle(X);
Y = magX. * exp(1i * angX);y = ifft(Y,len);y = real(y);
er = signal - y;
subplot(311);plot(t,signal);axis([0 1 - MaxS MaxS]);
xlabel('Time');ylabel('Amplitude');
title('Orginal signal');
subplot(312);plot(t,y);axis([0 1 - MaxS MaxS]);
xlabel('Time');ylabel('Amplitude');
title('Reduction signal');subplot(313);plot(t,er);
xlabel('Time');ylabel('Amplitude');title('Deviation');
```

运行程序,结果如图 7.8 所示。

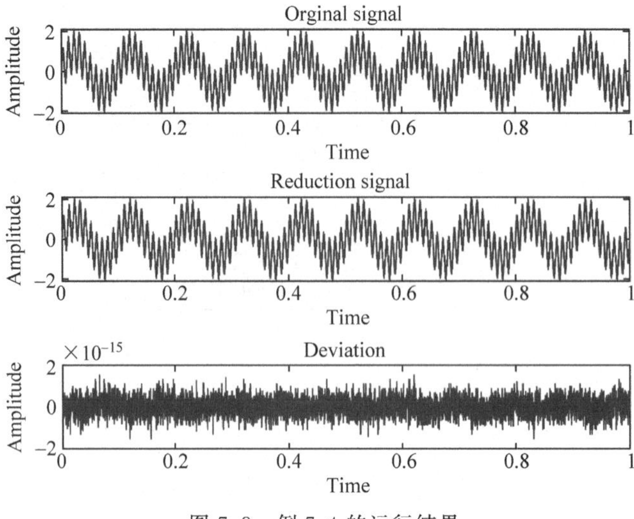

图 7.8 例 7.4 的运行结果

7.2 实验示例

例 7.5 已知 $x(n)=\{1,2,3,4\}$,完成下列要求:

(1) 计算 4 点 DFT,并显示结果。

(2) 对 $x(n)$补零,计算 32 点 DFT,并显示结果。

```
x = [1,2,3,4];N = 4;X = fft(x,N);
magX1 = abs(X),phaX1 = angle(X) * 180/pi
y = [x,zeros(1,4)];M = 8;Y = fft(y,M);
magX2 = abs(Y),phaX2 = angle(Y) * 180/pi

magX1 =
    10.0000     2.8284     2.0000     2.8284
phaX1 =
         0  135.0000  - 180.0000  - 135.0000
magX2 =
    10.0000     7.2545     2.8284     2.7153     2.0000     2.7153     2.8284     7.2545
phaX2 =
         0   - 93.2732     135.0000   - 27.2357   - 180.0000     27.2357   - 135.0000
93.2732
```

自定义的离散傅里叶逆变换计算函数如下:

```
function[Xk] = idft(X,N)
  n = [0:1:N - 1];k = [0:1:N - 1];
```

```
WN = exp( - j * 2 * pi/N);
nk = n' * k;
WNnk = WN.^( - nk)
xn = (Xk * WNnk)/N;
```

例 7.6 已知有限长信号 $x(n)=\{7,6,5,4,3,2\}$，求 $x(n)$ 的 DFT 和 IDFT 并绘出图像。

```
xn = [7,6,5,4,3,2];
N = length(xn);
n = 0:(N - 1);
k = 0:(N - 1);
Xk = xn * exp( - j * 2 * pi/N).^(n' * k);
x = (Xk * exp(j * 2 * pi/N).^(n' * k))/N;
subplot(2,2,1);stem(n,xn); xlabel('n');
title('x(n)');grid on;
subplot(2,2,2);stem(n,x); xlabel('n');
title('IDFT[X(k)]');grid on
subplot(2,2,3);stem(k,abs(Xk)); xlabel('k');
title('|X(k)|');grid on
subplot(2,2,4);stem(k,angle(Xk));
title('arg|X(k)|'); xlabel('k');grid on;
```

运行程序，结果如图 7.9 所示。

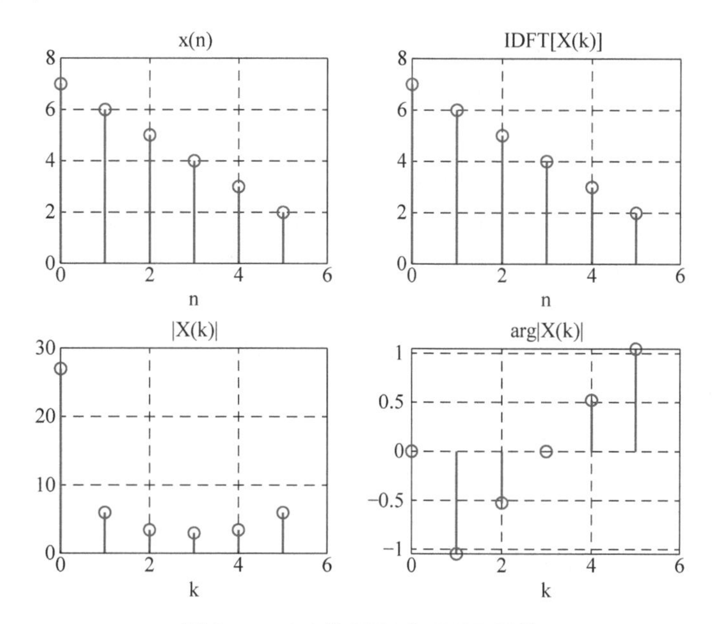

图 7.9 $x(n)$的 DFT 和 IDFT 图像

7.3 练习题

7.1 已知信号 $x(n)=\cos(n\pi/6)[u(n)-u(n-N)]$,

(1) $N=12$ 时,绘制 $x(n)$的 12 点 DFT 的结果 $X(k)$的幅度;

(2) $N=24$ 时,绘制 $x(n)$的 24 点 DFT 的结果 $X(k)$的幅度;

(3) $N=48$ 时,绘制 $x(n)$的 48 点 DFT 的结果 $X(k)$的幅度;

(4) $N=12$ 时,绘制 $x(n)$的 24 点 DFT 的结果 $X(k)$的幅度;

(5) $N=12$ 时,绘制 $x(n)$的 48 点 DFT 的结果 $X(k)$的幅度;

(6) 对比并分析上述结果。

7.2 已知离散时间信号 $x(n)=\{1,2,3,4,5,4,3,2,1\}$,

(1) 绘制 $|X_6(k)|$;

(2) 绘制 $|X_{20}(k)|$;

(3) 绘制 $|X_{50}(k)|$;

(4) 绘制 $|X(e^{j\omega})|$;

(5) 利用 DFT 计算 $x(n)$和 $x(n)$的 10 点圆周卷积;

(6) 利用 DFT 计算 $x(n)$和 $x(n)$的 20 点圆周卷积;

(7) 计算 $x(n)$和 $x(n)$的线性卷积;

(8) 在(6)题基础上验证 DFT 的 Parseval 定理。

7.3 已知 N 点信号 $x(n)$的 N 点 DFT 为 $X(k)$,将 $x(n)$重复 $m-1$ 次,构成一个 $m\times N$ 点的信号 $y(n)$,$y(n)$的 $m\times N$ 点 DFT 为 $Y(k)$。通过 MATLAB 编程验证:当 k 为 m 的倍数时,$Y(k)=mX(k/m)$,否则 $Y(k)=0$(验证时,N 取自己的学号后三位,m 取学号后三位三个数中最大的那个数)。

7.4 已知 N 点信号 $x(n)$的 N 点 DFT 为 $X(k)$,通过 MATLAB 编程验证:若 $x(n)=-x(N-n-1)$,则 $X(0)=0$(验证时,N 取自己的学号后三位)。

7.5 已知 N 点信号 $x(n)$的 N 点 DFT 为 $X(k)$,通过 MATLAB 编程验证:若 N 为偶数且 $x(n)=x(N-n-1)$,则 $X(N/2)=0$。(验证时,N 取自己的学号后三位乘以 2)

7.6 当 $0\leqslant n<N$ 时,$y(n)=x(n)$,当 $N\leqslant n<2N-1$ 时,$y(n)=x(2N-n-1)$,通过 MATLAB 编程验证:$2N-1$ 点信号 $y(n)$的 $2N-1$ 点 DFT 结果 $Y(k)$满足 $Y(k)=Y(2N-k-1)$且 $Y(k)$都为实数(验证时,N 取自己的学号后三位)。

7.7 已知 N 点信号 $x(n)$,将 $x(n)$重复 $m-1$ 次,每次重复的时候更改符号,构成一个 $m\times N$ 点信号 $y(n)$,$y(n)$的 $m\times N$ 点 DFT 为 $Y(k)$。问:k 为什么值时,$Y(k)=0$,并通过 MATLAB 编程验证(验证时,N 取自己的学号后三位,m 取学号后三位三个数中最大的那个数)。

7.8 已知两个长度均为 N 点信号,它们的 N 点圆周卷积为 $y(n)$,通过 MATLAB 编程验证:

$$\sum_{n=0}^{N-1} y(n) = \left(\sum_{n=0}^{N-1} x_1(n)\right)\left(\sum_{n=0}^{N-1} x_2(n)\right)$$

7.9 已知 N 点信号 $x(n)=\sin(\omega n)R_N(n)$，$\omega=\dfrac{41\pi}{N}$，$f=\dfrac{41}{2N}$的 N 点 DFT 为 $X(k)$（N 取自己的学号后三位加 100）。

（1）通过 MATLAB 编程验证有频谱泄漏；

（2）编程验证 $X(k)$的实部为

$$-\frac{1}{2}\sin\left(\frac{\pi(N-1)}{N}(k-fN)\right)\frac{\sin(\pi(k-fN))}{\sin\left(\dfrac{\pi(k-fN)}{N}\right)}$$

$$-\frac{1}{2}\sin\left(\frac{\pi(N-1)}{N}(k+fN)\right)\frac{\sin(\pi(k-N+fN))}{\sin\left(\dfrac{\pi(k-N+fN)}{N}\right)}$$

第8章

离散傅里叶变换应用

8.1 基础理论及相关 MATLAB 函数语法介绍

8.1.1 基础理论

1. 用 DFT 计算循环卷积

设 $x_1(n)$和 $x_2(n)$都是长度为 L 的有限长因果信号，它们的循环卷积为

$$y(n)=x_1(n)\otimes x_2(n)=\sum_{m=0}^{L-1}x_1(m)x_2((n-m))_L R_L(n) \tag{8-1}$$

若有 $X_1(k)=\mathrm{DFT}[x_1(n)]$，$X_2(k)=\mathrm{DFT}[x_2(n)]$，由时域循环卷积定理，有 $Y(k)=\mathrm{DFT}[y(n)]=X_1(k)\cdot X_2(k)$，则用 DFT 计算循环卷积的框图如图 8.1 所示。

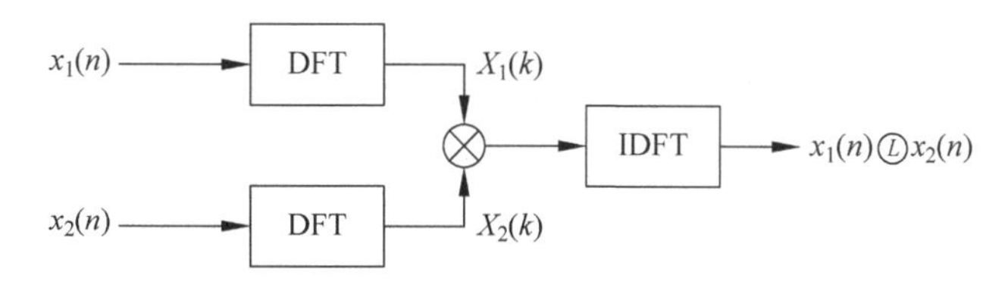

图 8.1 DFT 计算循环卷积的框图

当两个长度分别为 N 和 M 的信号，其线性卷积可用长度为 L 的循环卷积来代替，但必满足条件 $L\geqslant N+M-1$，当条件不满足时，采用图 8.2 所示框图进行计算。

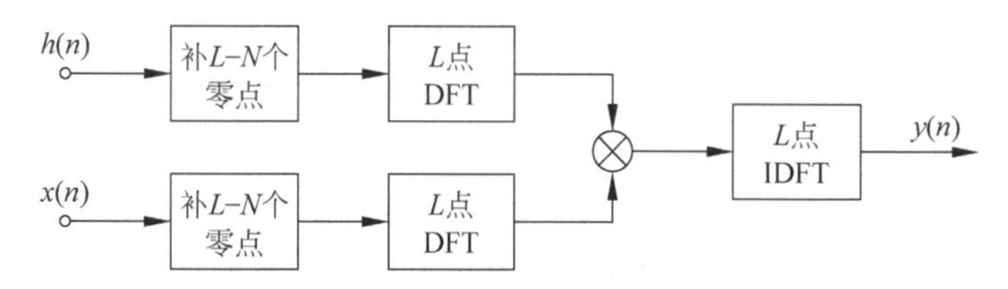

图 8.2 DFT 计算线性卷积的框图

2. 用 DFT 进行谱分析

DFT 是对连续傅里叶变换的近似，误差主要由取样引起的频谱混叠及信号截取引起的频谱损失所造成。为了提高近似精度，可以采取如下手段。

(1) 时域取样间隔(T)应足够小；

(2) 频域取样间隔(F)应足够小；

(3) 截取长度(T_0)应足够大。

因此 DFT 的点数应足够大。或者采取加权技术以提高近似程度。如果保持取样点数 N 不变，要提高频谱的分辨率，必须降低取样频率，取样频率的降低会引起谱分析范围减少。如维持采样频率不变，为了提高谱的分辨率可以增加取样点数 N。总之，为了

提高谱分辨率，同时又照顾到谱分析范围不减少，必须延长记录时间，增加取样点数。应当注意，这种提高谱分辨率的条件是时域取样必须满足取样定理，通常采样速率为信号最高频率的 3～5 倍。

DFT 只能产生离散的频谱分析结果。但是信号的频谱可以是连续的或离散的，有别于 DFT 计算出来的离散频谱。观察 DFT 的频谱类似于通过某种方式查看“栅栏”。如果信号的频率峰值恰好落在 DFT 的谱线上，那么它将以正确的幅度被观察到，否则它的能量将由其相邻的 DFT 谱线共享，这就是栅栏效应。

减少栅栏效应的方法是更改离散信号的点数(N)，一种方法是在原始信号的末尾添加零，同时保持原始信号不变。这将改变 DFT 谱线的位置并减小它们之间的间隔线。这样，原来隐藏在 DFT 中的频谱分量可以将视图移动到可以观察到的点。

另一种减少栅栏效应的办法是重新对信号采样，改变采样频率或者改变采样点数，使得所需观察的频率峰值恰好落在 DFT 的谱线上。

3. 用 DFT 计算相关

设 $x_1(n)$和 $x_2(n)$都是长度为 L 的有限长因果信号，它们的互相关为

$$r_{x_1x_2}(n)=x_1(n)Ⓛx_2(-n)=\sum_{m=0}^{L-1}x_1(m)x_2((n+m))_L R_L(n) \tag{8-2}$$

若有

$$X_1(k)=\mathrm{DFT}[x_1(n)],\quad X_2(k)=\mathrm{DFT}[x_2(n)] \tag{8-3}$$

由时域循环卷积定理有

$$R(k)=\mathrm{DFT}[r_{x_1x_2}(n)]=X_1(k)\cdot X_2^*(k) \tag{8-4}$$

则可以使用 DFT 计算循环卷积的方法计算相关运算。

4. 频域采样定理和理想内插公式

在时域中，要恢复信息而不出现混叠，必须满足奈奎斯特定律。要在没有混叠的情况下恢复频域信息，DFT 的点数不得小于时域离散信号的长度。

要从采样后的频域数据，也就是时域离散信号的 N 点 DFT 结果 $X(k)$恢复离散频谱 $X(\mathrm{e}^{\mathrm{j}\omega})$，可以通过如下理想内插公式实现：

$$X(\mathrm{e}^{\mathrm{j}\omega})=\sum_{k=0}^{N-1}X(k)\Phi\left(\omega-\frac{2\pi k}{N}\right),\quad \Phi(\omega)=\frac{\mathrm{e}^{-\frac{\mathrm{j}(N-1)\omega}{2}}}{N}\,\frac{\sin\left(\frac{N\omega}{2}\right)}{\sin\left(\frac{\omega}{2}\right)} \tag{8-5}$$

上面的表达式中，$\Phi(\omega)$称为频域内插函数。

5. 重叠舍弃法计算卷积

对长度为 L_1 的短信号 $h(n)$，$n=0,1,2,\cdots,L_1-1$ 和长度为 L_2 的信号 $x(n)$，$n=0,1,2,\cdots,L_2-1$ 进行线性卷积，其中 $L_2\gg L_1$，采用重叠保留法，步骤如下。

(1) $k=0$,在信号 $x(n)$前面补 L_1-1 个零,加上 $x(n)$的前 L_1 个数据,构成长度为 $2L_1-1$ 的信号 $x_0(n)$;

(2) 在 $h(n)$后面补 L_1-1 个零,加上 $x(n)$的 L_1 个数据,构成长度为 $2L_1-1$ 的信号 $h_1(n)$;

(3) 对 $x_0(n)$和 $h_1(n)$进行 $2L_1-1$ 点的圆周卷积,得到 $2L_1-1$ 点信号 $y_0(n)$,其中 $(k-1)L_1<n<(k+1)L_1$;

(4) $k=k+1$;

(5) 从信号 $x(n)$中取出 $2L_1-1$ 个数据,其中$(k-1)L_1<n<(k+1)L_1$,构成长度为 $2L_1-1$ 的信号 $x_k(n)$;

(6) 对 $x_k(n)$和 $h_1(n)$进行 $2L_1-1$ 点的圆周卷积,得到 $2L_1-1$ 点信号 $y_k(n)$,其中$(k-1)L_1<n<(k+1)L_1$;

(7) 重复(4)～(6),直到所有 $x(n)$的数据都被处理完;

(8) 将所有 $y_k(n)$中与 $y_{k-1}(n)$重叠的部分舍弃,获得最终结果。

8.1.2 相关 MATLAB 函数语法介绍

1. 求余数

功能介绍:计算 $n_1=\mathrm{mod}(n,N)=((n))_N$,满足 $n_1=n+kN$,$0\leqslant n_1\leqslant N-1$,$k$ 为整数。

语法说明:

b=mod(a,m)返回用 m 除以 a 后的余数,其中 a 是被除数,m 是除数。此函数通常称为取模运算,表达式为 b=a−m. * floor(a. /m)。mod()函数遵从 mod(a,0)返回 a 的约定。

r=rem(a,b)返回用 b 除以 a 后的余数,其中 a 是被除数,b 是除数。此函数通常称为求余运算,表达式为 r=a−b. * fix(a. /b)。rem()函数遵从 rem(a,0)是非零数的约定。

例 8.1 $n=\mathrm{mod}(-5,8)$,求 n。

```
N = mod( - 5,8)
n = 3
n = rem( - 5,8)
n = 3
```

2. 圆周移位

功能介绍:x 为 $y(n)=x(n-m)_N R_N(n)$输入信号,y 为输出信号,m 为位移步长,实现功能为圆周移位。

语法说明：y=circshift(A,m) 循环将 A 中的元素平移 m 个位置。若 m 为整数，则 circshift 沿大小不等于 1 的第一个 A 维度进行平移。若 m 为整数向量，则每个 m 元素指示 A 的对应维度中的平移量。

例 8.2 设 $x(n)=[1,3,5,3,1]$，求 $x((n-3))_5R_5(n)$ 及 $x((n+3))_6R_6(n)$。

```
function y = cirshift(x,m,N)
  if length(x)> N
    error('N 必须大于等于 x 的长度')
  end
  x = [x zeros(1,N - length(x))];
  n = [0:1:N - 1]; n = mod(n - m,N); y = x(n + 1);
x = [1 3 5 3 1];
y1 = circshift(x,3)      % x 圆周右移 3 位
y2 = cirshift(x, - 3,6)  % x 补一个 0 值左移 3 位
y1 =
    5    3    1    1    3
y2 =
    3    1    0    1    3    5
```

3. 圆周卷积

功能介绍：利用其可求得相关信号的圆周卷积。

语法说明：y=cconv(x1,x2)，当 $x_1(n)$ 和 $x_2(n)$ 均为 N 点信号时，计算 $x_1(n)$ 和 $x_2(n)$ 的 N 点圆周卷积。

y=cconv(x1,x2,N)，计算 $x_1(n)$ 和 $x_2(n)$ 的 N 点圆周卷积。

例 8.3 已知 $x_1(n)=[2,3,4,5,6,7]$，$x_2(n)=[8,7,6,5,4]$，求两者的 8 点圆周卷积和线性卷积。

```
x1 = [2,3,4,5,6,7]; x2 = [8,7,6,5,4]; N = 8;
N1 = length(x1);N2 = length(x2);
subplot(221),stem(0:N1 - 1,x1);title('信号 x_1(n)');
xlabel('n');ylabel('x_1(n)');grid;
subplot(222),stem(0:N2 - 1,x2);title('信号 x_2(n)');
xlabel('n');ylabel('x_2(n)');grid;
subplot(223),stem(0:N - 1,cconv(x1,x2,N));
title('8 点圆周卷积');xlabel('n');
ylabel('x_1(n) cconv with x_2(n)');grid;
subplot(224),stem(0:N1 + N2 - 2,conv(x1,x2));
title('线性卷积');xlabel('n');
ylabel('x_1(n) conv with x_2(n)');grid;
```

运行程序,结果如图 8.3 所示。

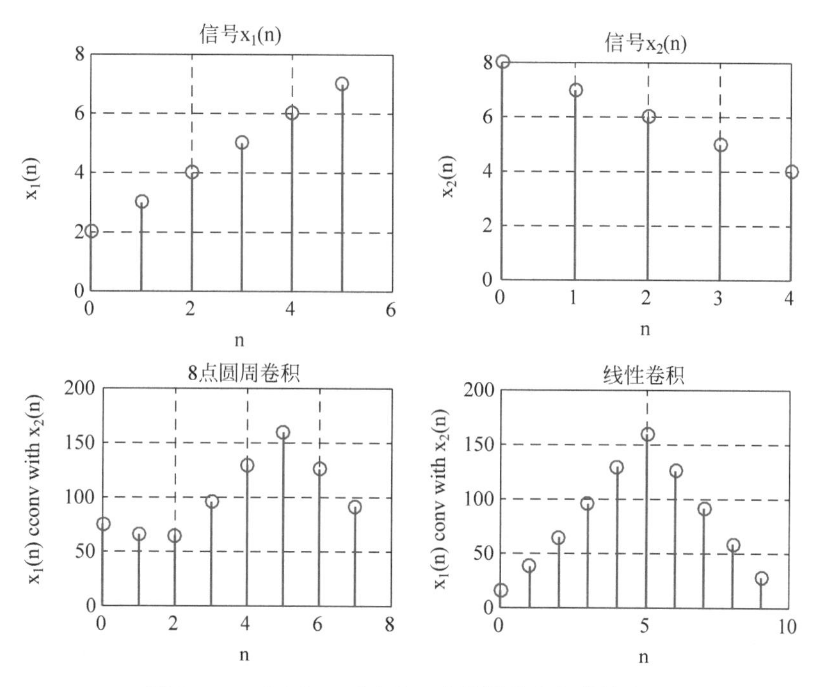

图 8.3 $x_1(n)$和 $x_2(n)$的 8 点圆周卷积与线性卷积

4. 实信号分解为圆周偶对称信号及圆周奇对称信号

例 8.4 自行编写 MATLAB 函数文件 circevod. m,将实信号 $x(n)$分解为圆周偶对称信号 $x_{ep}(n)$及圆周奇对称信号 $x_{op}(n)$,设 $x(n)=10(0.8)^n$,$0\leqslant n\leqslant 10$,将 $x(n)$分解并画出 $x_{ep}(n)$和 $x_{op}(n)$。

```
function [xep,xop] = circevenodd(x)
  N = length(x);n = 0:(N - 1);
  xep = 0.5 * (x + x(mod( - n,N) + 1));
  xop = 0.5 * (x - x(mod( - n,N) + 1));
n = 0:10;x = 10 * (0.8).^n;[xep,xop] = circevenodd(x);
subplot(2,1,1);stem(n,xep);
title('circular - even component');
xlabel('n'); ylabel('xep(n)'); grid on
axis([ - 0.5,10.5, - 1,11]);subplot(2,1,2);stem(n,xop);
title('circular - odd component'); grid on;
xlabel('n');ylabel('xop(n)');axis([ - 0.5,10.5, - 4,4])
```

运行程序,结果如图 8.4 所示。

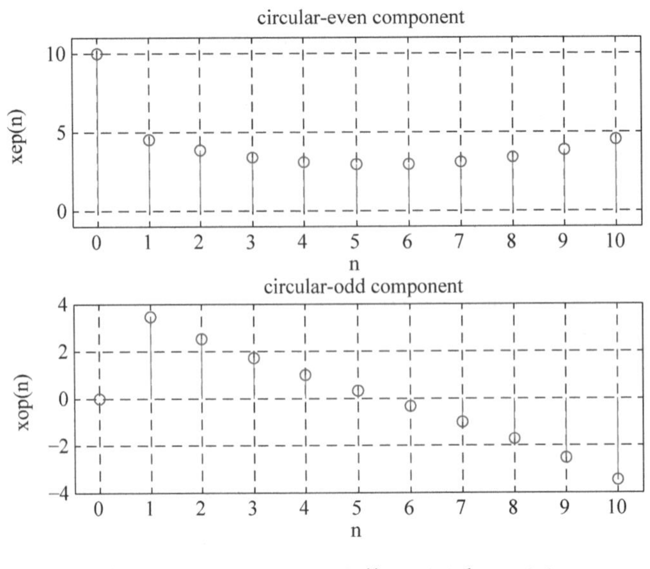

图 8.4　$x(n)=10(0.8)^n$ 的 $x_{ep}(n)$ 和 $x_{op}(n)$

8.2　实验示例

例 8.5　$x_1(n)$ 和 $x_2(n)$ 是如下两个 4 点信号：

$$x_1(n)=\{1,2,2,1\},\quad x_2(n)=\{1,-1,-1,1\}$$

自行编写 MATLAB 函数文件，求解它们的线性卷积和循环卷积。

```
function y = circonvt(x1,x2,N)
  x1 = [x1 zeros(1,N - length(x1))];
  x2 = [x2 zeros(1,N - length(x2))];
  m = [0:1:N - 1];
  x2 = x2(mod( - m,N) + 1);
  H = zeros(N,N);
  for n = 1:1:N
      H(n,:) = cirshift(x2,n - 1,N);
  end
  y = x1 * conj(H');
function y = cirshift(x,m,N)
    x = [x zeros(1,N - length(x))];
    n = [0:1:N - 1];n = mod(n - m,N);y = x(n + 1);
x1 = [1,2,2,1];x2 = [1, - 1, - 1,1];
x3 = conv(x1,x2);
x4 = circonvt(x1,x2,9);
x5 = cconv(x1,x2,9)
x3 =
    1    1    - 1    - 2    - 1    1    1
```

```
x4 =
    1    1    -1    -2    -1    1    1    0    0
X5 =
    1    1    -1    -2    -1    1    1    0    0
```

例 8.6 设 $x(n)=n+1, n=0,1,2,\cdots,9$ 和 $h(n)=\{1,0,-1\}$，用 6 点 DFT 和重叠保留法计算 $y(n)=x(n)*h(n)$。

```
function [y] = ovrlpsav(x,h,N)
    Lenx = length(x);
    M = length(h);
    M1 = M - 1;
    L = N - M1;
    h = [h zeros(1,N - M)];
    x = [zeros(1,M1),x,zeros(1,N - 1)];
    K = floor((Lenx + M1 - 1)/(L));
    Y = zeros(K + 1,N);
    for k = 0:K
        xk = x(k * L + 1:k * L + N); Y(k + 1,:) = circonvt(xk,h,N);
    end
    Y = Y(:,M:N)';
    y = (Y(:))';
    n = 0:9;x = n + 1;h = [1,0, - 1];N = 6;
    y = ovrlpsav(x,h,N)
    y =
      -3    -4    1    2    2    2
      -4    -4    2    2    2    2
       7     8    2    2   -9  -10
```

例 8.7 求 $x(n)=\begin{cases}\sin2\left\{\dfrac{n-50}{2}\right\}, & 0\leqslant n\leqslant 100\\ 0, & 其他\end{cases}$ 的 DFT 的幅频特性和相频特性。

解：方法 1：横坐标为[0,100]

```
n = [0:1:100];
N = 101;
x = sinc((n - 50)/2).^2;
X = fft(x,N);
magX = abs(X);
phaX = angle(X) * 180/pi;
subplot(2,1,1);stem(n,magX)
xlabel('k');ylabel('magX');title('幅度');
subplot(2,1,2);stem(n,phaX)
xlabel('k');ylabel('phaX');title('相位');
```

运行程序，结果如图 8.5 所示。

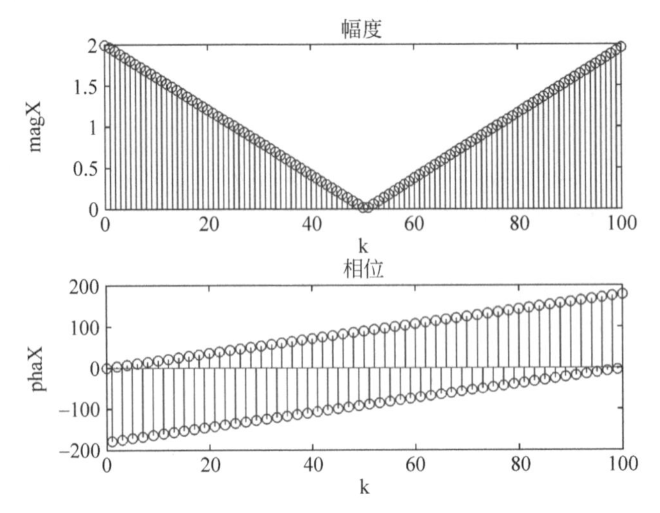

图 8.5 横坐标均为[0,100]的幅频特性和相频特性

方法 2：横坐标为[－20,100]

```
n = 0:100;N = 101;
x = (sinc((n - 50)/2)).^2;
k = - 200:200;
w = (pi/100) * k;
X1 = x * (exp( - j * pi/100)).^(n' * k);
magX1 = abs(X1);
angX1 = angle(X1);
X2 = fft(x,N);
magX2 = abs(X2);
phaX2 = angle(X2) * 180/pi;
subplot(2,1,1);plot(w/pi,magX1,'b');
hold onstem(n,magX2,'b'),grid on;
xlabel('k');ylabel('magX');title('幅度');
subplot(2,1,2);plot(w/pi, angX1/pi,'b');grid
hold onstem(n,phaX2,'b'),grid on;
xlabel('k');ylabel('phaX');title('相位');
```

运行程序，结果如图 8.6 所示。

例 8.8 求 $x(n)=\begin{cases}2e^{-0.9|n|}, & -5\leqslant n\leqslant 5\\ 0, & \text{其他}\end{cases}$ 的横坐标分别为[－5,5]和[－100,100]的幅频响应和相频响应。

```
n1 = - 5:5;N1 = 11;n2 = - 100:100;N2 = 201;
x1 = 2 * exp( - 0.9 * abs(n1));x2 = [x1,zeros(1,190)];
```

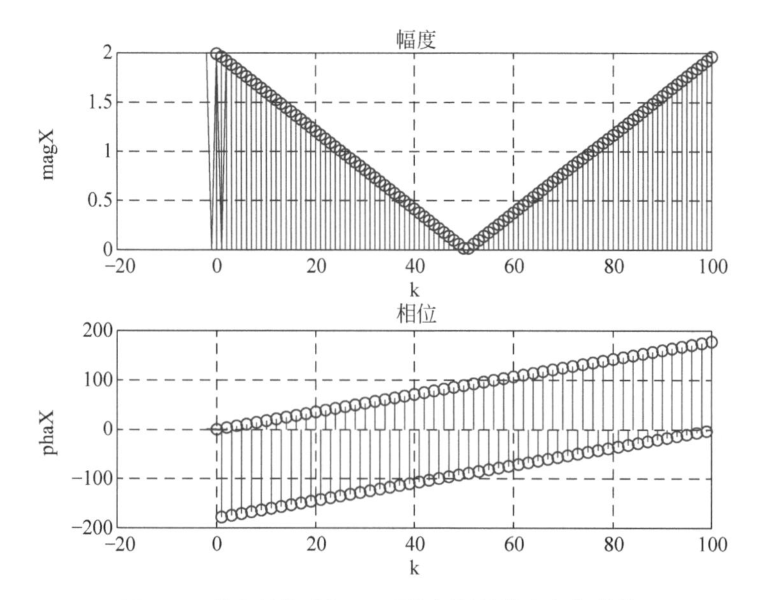

图 8.6　横坐标均为[0,100]的幅频特性和相频特性

```
X1 = fft(x1,N1);X2 = fft(x2,N2);
magX1 = abs(X1);phaX1 = angle(X1) * 180/pi;
magX2 = abs(X2);phaX2 = angle(X2) * 180/pi;
subplot(2,2,1);plot(n1,magX1);grid
xlabel('n1');ylabel('magX1');title('X1 幅度')
subplot(2,2,2);plot(n1,phaX1);grid
xlabel('n1');ylabel('phaX1');title('X1 相位')
subplot(2,2,3);plot(n2,magX2);grid
xlabel('n2');ylabel('magX2');title('X2 幅度')
subplot(2,2,4);plot(n2,phaX2);grid
xlabel('n2');ylabel('phaX2');title('X2 相位')
```

运行程序,结果如图 8.7 所示。

例 8.9　根据 $x(n)=10(0.8)^n$,$0\leqslant n\leqslant 9$,求 $y(n)=x((n-5))_{10}$ 的信号。

```
n = 0:9;x = 10 * (0.8).^n;
y = cirshift(x,5,10);
subplot(2,1,1);
stem(n,x);
title('original sequence')
xlabel('n');
ylabel('x(n)');
grid on; grid minor
subplot(2,1,2);
stem(n,y);
title('circulary shifted sequence');
```

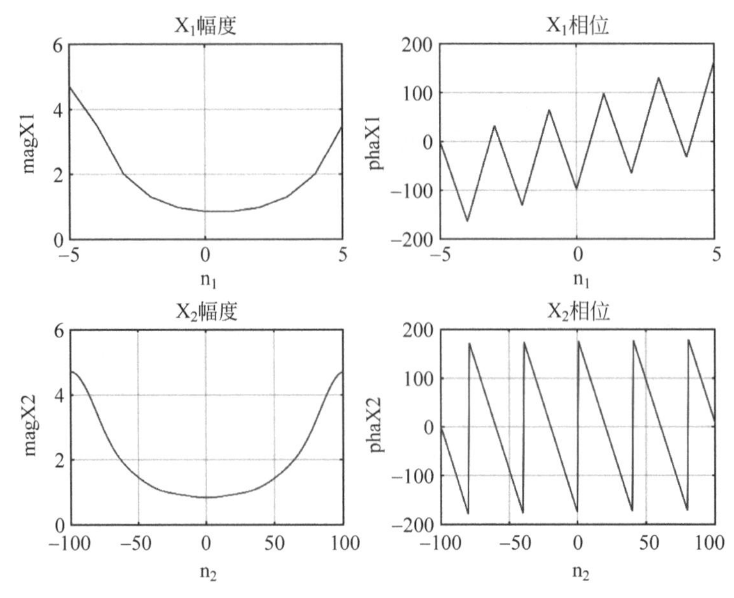

图 8.7　$x(n)$的幅频响应和相频响应曲线

```
xlabel('n');
ylabel('x(n - 5) mod 10');
grid on; grid minor
```

运行程序,其结果如图 8.8 所示。

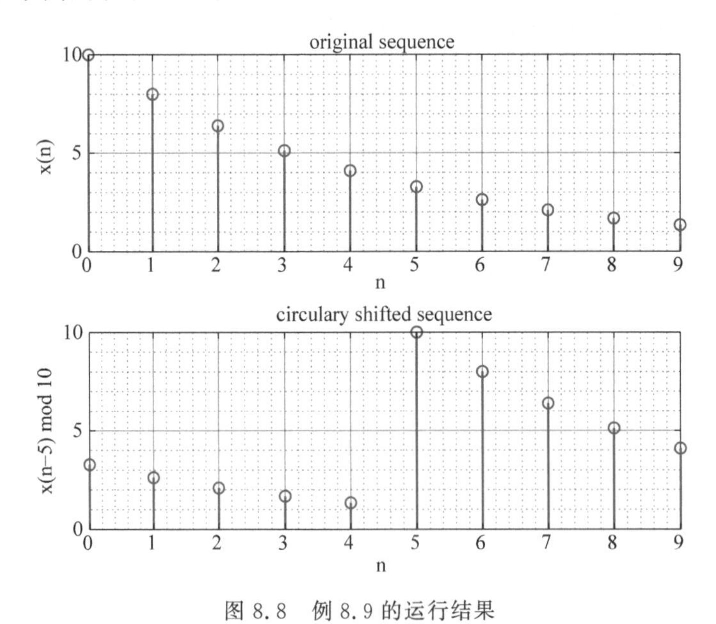

图 8.8　例 8.9 的运行结果

例 8.10　根据 $x(n)=10(0.8)^n$,$0\leqslant n\leqslant 9$,求 $y(n)=x((n+4))_{10}$ 的信号。

```
n = 0:9;
x = 10 * (0.8).^n;
y = cirshift(x, - 4,10);;
subplot(2,1,1);
stem(n,x);
title('original sequence');
xlabel('n');ylabel('x(n)');
grid on; grid minor
subplot(2,1,2);
stem(n,y);
title('circulary shifted sequence');
xlabel('n');
ylabel('x(n + 4) mod 10')
grid on; grid minor
```

运行程序,结果如图 8.9 所示。

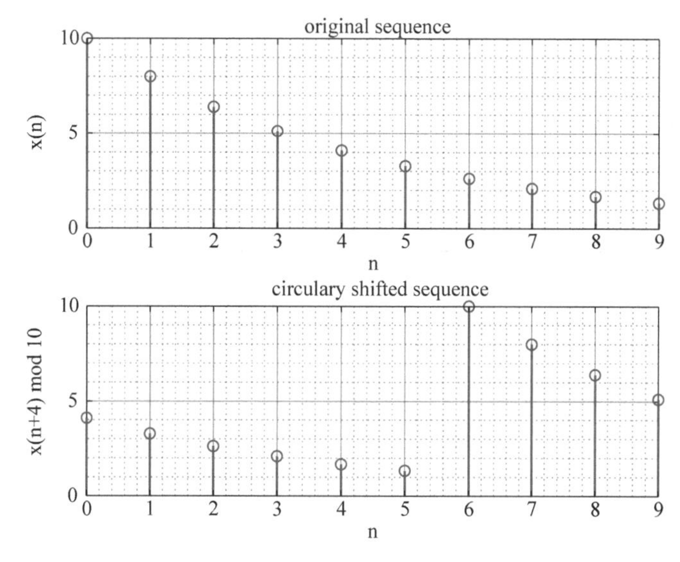

图 8.9　例 8.10 的运行结果

例 8.11　根据 $x(n)=10(0.8)^n$,$0\leqslant n\leqslant 9$,求 $y(n)=x((3-n))_{10}$。

```
n = 0:9;x = 10 * (0.8).^n;
X = x(mod( - n,10) + 1);
y = cirshift(X,3,10);
subplot(2,1,1);
stem(n,x);
title('original sequence');
xlabel('n');ylabel('x(n)');
grid on; grid minor
```

```
subplot(2,1,2);
stem(n,y);
title('circulary shifted sequence');
xlabel('n');ylabel('x(3 - n) mod 10')
grid on; grid minor
```

运行程序,结果如图 8.10 所示。

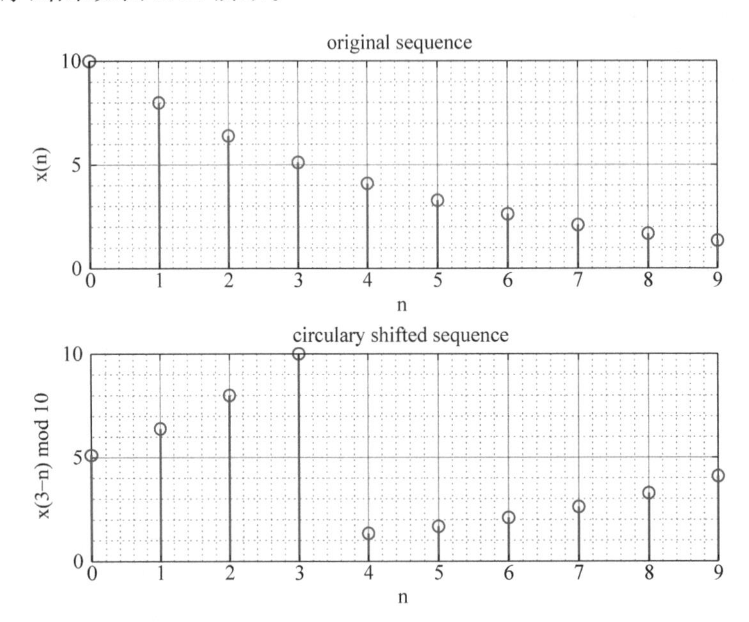

图 8.10　例 8.11 的运行结果

例 8.12　根据 $x(n)=10(0.8)^n, 0\leqslant n\leqslant 9$,求 $y(n)=x(n)$ 与 $x((-n))_{10}$ 的循环卷积。

```
n = 0:9;x = 10 * (0.8).^n;
y = x(mod( - n,10) + 1);
z = circonvt(x,y,10);
subplot(3,1,1);
stem(n,x);title('original sequence');
xlabel('n');ylabel('x(n)');
grid on; grid minor
subplot(3,1,2);stem(n,y);
title('circulary shifted sequence');
grid on; grid minor
xlabel('n');ylabel('x( - n) mod 10')
subplot(3,1,3);stem(n,z);
title('conv');xlabel ('n');ylabel('z(n)');
grid on; grid minor
```

运行程序,结果如图 8.11 所示。

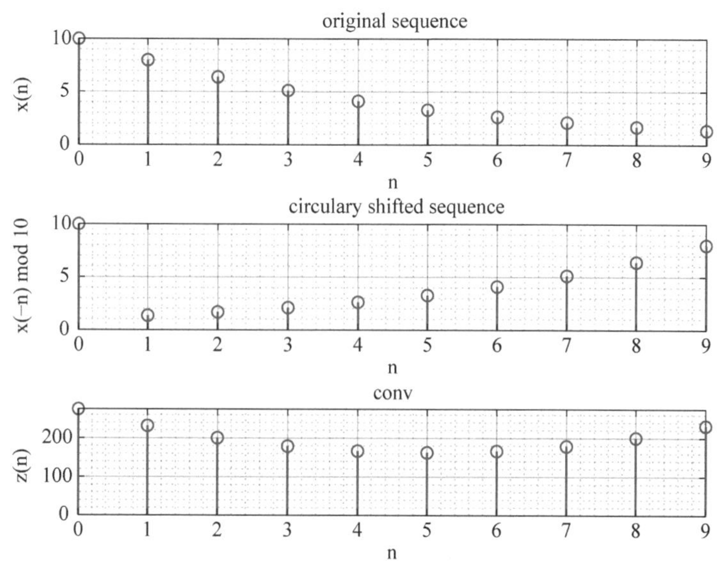

图 8.11 例 8.12 的运行结果

8.3 练习题

8.1 通过 MATLAB 编程,用一次 N 点 DFT 计算两个 N 点实数信号的 N 点 DFT 结果(验证时,N 取自己的学号后三位,验证前,先推导理论结果)。

8.2 通过 MATLAB 编程,用一次 N 点 DFT 计算一个 $2N$ 点实数信号 $x(n)$的 $2N$ 点 DFT 结果 $X(k)$(验证时,N 取自己的学号后三位,验证前,先推导理论结果)。

8.3 已知信号 $x(t)=\sin\left(\frac{100\pi t}{N}\right)+\sin\left(\frac{100\pi t}{N+100}\right)$,从 $t=0$ 开始对其进行采样,采样 1000 个点,选择一个最小的采样频率 f_s,使得采样后的离散信号的 1000 点 DFT 不产生频谱的栅栏效应。绘制每一步计算结果并详细说明选择采样频率 f_s 的理由($N=100+$学号后三位)。

8.4 已知信号 $x(t)=\sin\left(\frac{100\pi t}{N}\right)+\sin\left(\frac{100\pi t}{N+100}\right)$,从 $t=0$ 开始对其进行采样,自己选择采样频率,确定一个最少的采样点 M,使得采样后的离散信号的 M 点 DFT 不产生频谱泄漏,且能够清晰分辨两个不同的频率分量。绘制每一步计算结果并详细说明选择采样频率和采样点数 M 的理由($N=100+$学号后三位)。

8.5 已知某离散时间信号 $x(n)=\left[\sin\left(n\frac{\pi}{10}\right)+\cos\left(n\frac{\pi}{11}\right)\right][u(n)-u(n-N)]$($N$ 为学号后三位$+100$ 或 101,使得 N 为偶数),其 N 点的 DFT 为 $X(k)$。

(1) 使用 interp1()函数,对 $x(n)$进行邻近插值,得到 $2N$ 点的 $y(n)$,计算 $y(n)$的

$2N$ 点 DFT 并与 $X(k)$比较,分析结果;

(2) 使用 interp1()函数,对 $x(n)$进行线性插值,得到 $2N$ 点的 $y(n)$,计算 $y(n)$的 $2N$ 点 DFT 并与 $X(k)$比较,分析结果;

(3) 使用 interp1()函数,对 $x(n)$进行立方插值,得到 $2N$ 点的 $y(n)$,计算 $y(n)$的 $2N$ 点 DFT 并与 $X(k)$比较,分析结果;

(4) 使用 interp1()函数,对 $x(n)$进行曲线插值,得到 $2N$ 点的 $y(n)$,计算 $y(n)$的 $2N$ 点 DFT 并与 $X(k)$比较,分析结果;

(5) 使用理想插值公式,对 $x(n)$进行曲线插值,得到 $2N$ 点的 $y(n)$,计算 $y(n)$的 $2N$ 点 DFT 并与 $X(k)$比较,分析结果。

8.6 分别使用 MATLAB 中的 rand()和 randn()产生两个 2000 点信号 $x_1(n)$和 $x_2(n)$。

(1) 让这两个信号分别经过如下离散时间系统,该系统的单位样值响应 $h(n)=\{0, -0.0017, 0.0016, 0.0023, -0.0059, 0.0001, 0.0127, -0.0112, -0.0151, 0.0337, -0.0003, -0.0634, 0.0569, 0.0893, -0.2996, 0.4004, -0.2996, 0.0893, 0.0569, -0.0634, -0.0003, 0.0337, -0.0151, -0.0112, 0.0127, 0.0001, -0.0059, 0.0023, 0.0016, -0.0017, 0\}$,利用 fftfilt()函数计算输出信号 $y_1(n)$,利用 filter()函数计算输出信号 $y_2(n)$,比较两者的运算时间。

(2) 画出上述线性时不变系统的幅度谱和相位谱,并解释上题的结果。

8.7 给定信号 $x(t)=\sin(2\pi f_0 t)$, $f_0=50\text{Hz}$,现对 $x(t)$抽样,设抽样点数 $N=16$。我们知道正弦信号 $x(t)$的频谱是在 $\pm f_0$ 处的 δ 函数,将 $x(t)$抽样变成 $x(n)$后,若抽样率及数据长度 N 取得合适,那么 $x(n)$的 DFT 也应是在 $\pm 50\text{Hz}$ 处的 $\delta()$函数。由帕塞瓦尔定理,有

$$E_t=\sum_{n=0}^{N-1} x^2(n)=\frac{2}{N}\mid X_{50}\mid^2=E_f$$

X_{50} 表示 $X(k)$在 50Hz 处的谱线,若上式不成立,说明 $X(k)$的频域有栅栏效应。给定下述抽样频率:(1)$f_s=100\text{Hz}$;(2)$f_s=150\text{Hz}$;(3)$f_s=200\text{Hz}$。试分别求出 $x(n)$并计算其 $X(k)$,然后用帕塞瓦尔定理研究其栅栏效应情况,根据观察得到的 $x(n)$及 $X(k)$,总结对正弦信号抽样应掌握的原则。

8.8 对上题取 $f_s=150\text{Hz}, N=16$ 时,在抽样点后再补 N 个 0 得 $x_1(n)$,这时 $x_1(n)$是 32 点信号,求 $x_1(n)$的 DFT 结果 $X_1(k)$,分析对正弦信号补零的影响。

8.9 已知线性时不变系统的输入信号 $x(n)=\{1,2,3,4,5,6,7,8,8,8,8,8,6,4,2\}$,对应的输出信号为 $y(n)=\{1,2,4,6,9,12,15,18,20,22,23,24,22,20,16,12,8,4,2\}$,

(1) 利用 DFT 的卷积定理求出该系统的单位样值响应 $h(n)$,然后通过卷积运算验证结果的正确性并画图。

(2) 学习使用 MATLAB 中的 deconv()函数求解单位样值响应 $h(n)$,然后通过卷积运算验证结果的正确性并画图。

8.10 已知离散时间信号

$$x(n)=\begin{cases}n, & 0\leqslant n\leqslant 100\\ 1/n, & 100<n\leqslant 200\\ 0, & \text{其他}\end{cases}$$

令 $x(n)$通过一个离散时间系统，其单位抽样响应 $h(n)$为

$$h(n)=\begin{cases}n, & 0\leqslant n\leqslant 2\\ 1/n, & 2<n\leqslant 5\\ 0, & \text{其他}\end{cases}$$

在 MATLAB 中自行编写函数 overlap_add 和 overlap_save 实现重叠相加法和重叠保留法，分别计算该系统的输出 $y(n)$。

8.11　对 N 点有限长离散时间信号 $x(n)$计算 DTFT 得到 $X(\mathrm{e}^{\mathrm{j}\omega})$，对 $X(\mathrm{e}^{\mathrm{j}\omega})$等间隔采样 M 点$\left(\omega=\dfrac{2k\pi}{M}, M<N\right)$得到 $X(k)$，$k=0,1,\cdots,M-1$，对 $X(k)$计算 M 点 IDFT 得到 M 点有限长离散时间信号 $x_1(n)$，用 $x(n)$表示 $x_1(n)$并用 MATLAB 编程进行验证。验证时 $x(n)$取随机数，N＝学号后三位＋100，M＝学号后三位＋50。

第9章 FIR滤波器的设计

9.1 基础理论及相关 MATLAB 函数语法介绍

9.1.1 基础理论

1. FIR 滤波器的结构

差分方程表示法：

$$y(n)=\sum_{k=0}^{M}b_k x(n-k) \tag{9-1}$$

直接型信号流图表示法(见图 9.1)：

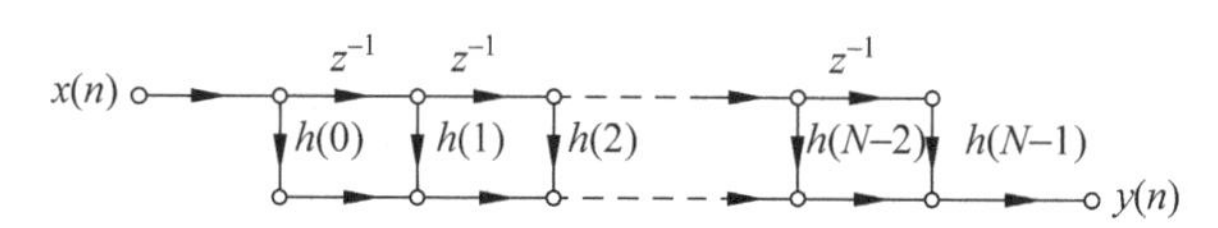

图 9.1 FIR 滤波器的直接型信号流图

转置型信号流图表示法(见图 9.2)：

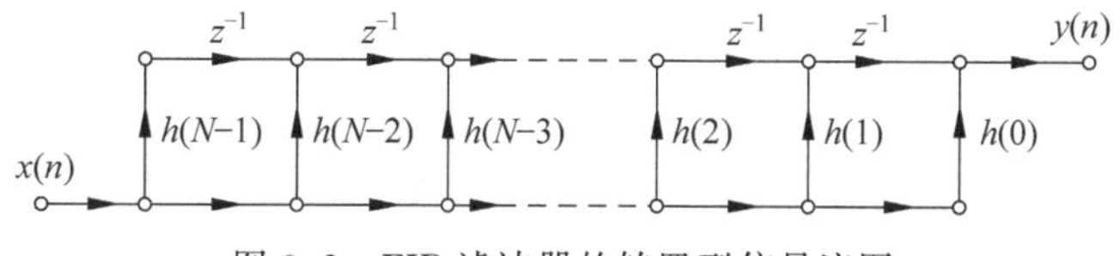

图 9.2 FIR 滤波器的转置型信号流图

级联型表示法的系统函数：

$$\begin{aligned}H(z)&=\sum_{n=0}^{N-1}h(n)z^{-n}\\&=\prod_{k=0}^{N_1}(\alpha_{0k}+\alpha_{1k}z^{-1})\prod_{k=0}^{N_2}(\beta_{0k}+\beta_{1k}z^{-1}+\beta_{2k}z^{-2})\end{aligned} \tag{9-2}$$

级联型 FIR 滤波器的特点：

(1) 级联型结构每个一阶因子控制一个实数零点。

(2) 每个二阶因子控制一对共轭零点。

(3) 调整零点位置比直接型方便。需要的系数比直接型多，需要的乘法器更多。

2. 频率采样法设计 FIR 滤波器

频域采样法是在频域对理想滤波器 $H_d(e^{j\omega})$采样，在采样点上设计的滤波器 $H(e^{j\omega})$与理想滤波器 $H_d(e^{j\omega})$幅度值相等，然后根据频域的采样值求得实际设计的滤波器的频率特性 $H(e^{j\omega})$。频率采样型结构的系数 $H(k)$就是滤波器在频率采样点 $\omega=2\pi k/N$ 处的响应,因此控制滤波器的频率响应比较方便。其缺点是所有谐振网络的极点位于单位圆上,系统稳定是靠这些极点与梳状滤波器在单位圆上的零点抵消来保证的。如果滤波器的系数稍有误差,有些极点就不能被零点所抵消,从而导致系统不稳定。另外,所有的系数都是复数,复数相乘对硬件实现是不方便的。

对系统函数取样,$H(k)=H(z)\Big|_{z=e^{j\frac{2\pi}{N}k}}$,使用插值公式:

$$H(z)=(1-z^{-N})\frac{1}{N}\sum_{k=0}^{N-1}\frac{H(k)}{1-W_N^{-k}z^{-1}}=\frac{1}{N}H_c(z)\sum_{k=0}^{N-1}H_k(z) \tag{9-3}$$

其中,$H_c(z)=1-z^{-N}$,$H_k(z)=\dfrac{H(k)}{1-W_N^{-k}z^{-1}}$,网络结构如图 9.3 所示。

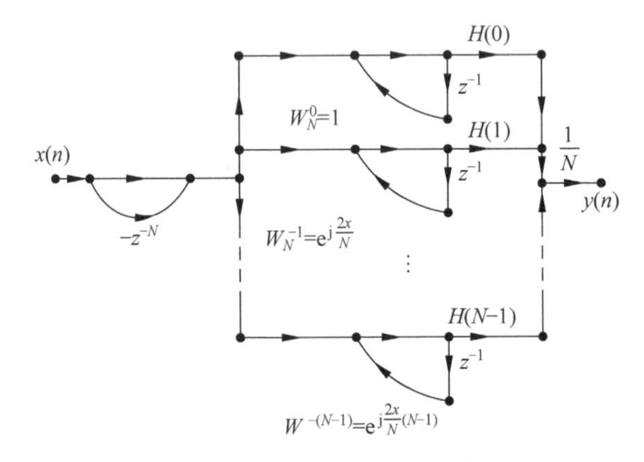

图 9.3 FIR 滤波器的频率采样型信号流图

若将单位圆上的极零点向内收缩到半径为 r 的圆上,$r<1$ 且 $r\approx 1$:

$$H(z)\approx(1-r^Nz^{-N})\frac{1}{N}\sum_{k=0}^{N-1}\frac{H(k)}{1-rW_N^{-k}z^{-1}} \tag{9-4}$$

将第 k 和第 $N-k$ 个谐振器合并为一个实系数二阶网络,从而将复数乘法运算变成实数运算,当 N 为偶数时:

$$H(z)=(1-r^Nz^{-N})\frac{1}{N}\left[\frac{H(0)}{1-rz^{-1}}+\frac{H(N/2)}{1+rz^{-1}}+\sum_{k=1}^{N/2-1}H_k(z)\right] \tag{9-5}$$

当 N 为奇数时:

$$H(z)=(1-r^Nz^{-N})\frac{1}{N}\left[\frac{H(0)}{1-rz^{-1}}+\sum_{k=1}^{(N-1)/2}\frac{\alpha_{0k}+\alpha_{1k}z^{-1}}{1-2r\cos\left(\frac{2\pi}{N}k\right)z^{-1}+r^2z^{-2}}\right] \tag{9-6}$$

修正后的 FIR 滤波器频率采样结构如图 9.4 所示。

采用频域取样法设计的 FIR 数字滤波器在阻带内的衰减很小,在实际应用中往往达不到要求。产生这种现象是由于在通带边缘采样点的陡然变化而引起的起伏振荡。增加阻带衰减的方法是在通带和阻带的边界处增加一些过渡的采样点,从而减小频带边缘的突变,也就减小了起伏振荡,增大了阻带最小衰减,如图 9.5 所示。

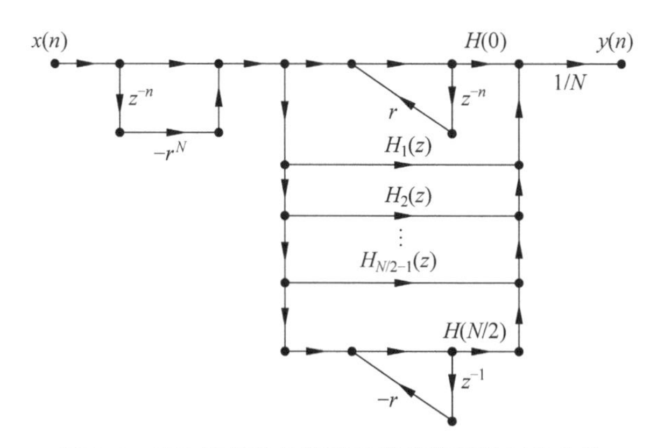

图 9.4 FIR 滤波器的频率采样型信号流图的改进

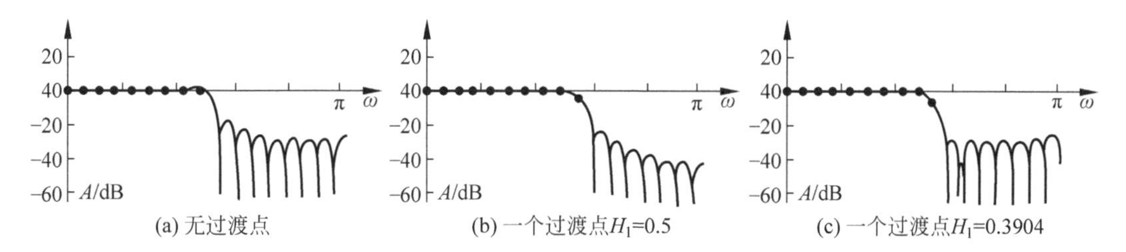

图 9.5 不同过渡点数量的 FIR 滤波器

3. 系数精度对 FIR 滤波器的影响

若 FIR 滤波器的单位样值响应为 $h(n)$，其系统函数为

$$H(z)=\sum_{n=0}^{N-1}h(n)z^{-n} \tag{9-7}$$

那么，当系数 $h(n)$ 产生变化时，系统函数产生的变化为

$$\Delta H(z)=\sum_{n=0}^{N-1}\Delta h(n)z^{-n} \tag{9-8}$$

若把每个 $h(n)$ 都量化为 B 位二进制数，那么 $|\Delta h(n)|\leqslant 0.5\cdot 2^{-B}$，因此幅频率响应的变化量为

$$|\Delta H(\mathrm{e}^{\mathrm{j}\omega})|=\left|\sum_{n=0}^{N-1}\Delta h(n)\mathrm{e}^{-\mathrm{j}\omega n}\right|\leqslant|\Delta h(n)|\left|\sum_{n=0}^{N-1}\mathrm{e}^{-\mathrm{j}\omega n}\right|\leqslant\frac{N}{2}\cdot 2^{-B} \tag{9-9}$$

因此，FIR 滤波器的阶数 N 和系数的量化位数 B 都对系统的灵敏度产生影响。

4. 窗函数法设计 FIR 滤波器

用窗函数设计 FIR 滤波器的思想是寻找一个 FIR 滤波器，使其频率响应逼近理想 FIR 滤波器的频率响应。一般情况下，理想 FIR 滤波器的频率响应在边界频率处有不连续点，因此其单位样值响应 $h_{\mathrm{d}}(n)$ 是无限长的，且是非因果的。因此通过窗函数 $w(n)$ 对

$h_d(n)$进行截取：

$$h(n)=h_d(n)w(n) \tag{9-10}$$

时域加窗等效于频域卷积：

$$\begin{aligned}H(e^{j\omega})&=\frac{1}{2\pi}H_d(e^{j\omega})*W_R(e^{j\omega})\\&=\frac{1}{2\pi}\int_{-\pi}^{\pi}H_d(e^{j\theta})W_R(e^{j(\omega-\theta)})d\theta\end{aligned} \tag{9-11}$$

以低通滤波器加矩形窗为例，理想低通滤波器的频率响应为

$$H_d(e^{j\omega})=\begin{cases}e^{-j\omega\alpha}, & |\omega|\leqslant\omega_c\\0, & \omega_c<|\omega|<\pi\end{cases} \tag{9-12}$$

单位样值响应为

$$\begin{aligned}h_d(n)&=\frac{1}{2\pi}\int_{-\omega_c}^{\omega_c}e^{-j\omega\alpha}\cdot e^{j\omega n}d\omega\\&=\frac{\sin[(n-\alpha)\omega_c]}{(n-\alpha)\pi}=\mathrm{sinc}((n-\alpha)\omega_c)\end{aligned} \tag{9-13}$$

将$h_d(n)$截取长度为N的一段，构成$h(n)=h_d(n)$，$0\leqslant n\leqslant N-1$，其演化过程如图9.6所示。

常用窗函数的波形及频谱如图9.7所示。

加窗后对$H_d(\omega)$的影响称为吉布斯效应，主要包括：

(1) 在理想特性不连续点ω_c附近形成过渡带。过渡带的宽度近似等于窗函数$W_R(\theta)$的主瓣宽度，$\Delta\omega=4\pi/N$。

(2) 通带内增加了波动，最大的峰值在$\omega_c-\frac{2\pi}{N}$处。阻带内产生了余振，最大的负峰在$\omega_c+\frac{2\pi}{N}$处。通带与阻带中波动的情况与窗函数的幅度谱有关。$W_R(\theta)$波动越快，通带与阻带内波动越快，$W_R(\theta)$旁瓣的大小直接影响波动的大小。

增加矩形窗口的宽度N不能减少吉布斯效应的影响。N的改变只能改变ω坐标的比例和$W_R(\omega)$的绝对大小，不能改变主瓣和旁瓣幅度相对值。加大N并不是减少吉布斯效应的有效方法。减小吉布斯效应的方法主要是寻找合适的窗函数形状，使其谱函数的主瓣包含更多的能量，相应旁瓣幅度就变小了；旁瓣的减少可使通带与阻带波动减少，从而加大阻带的衰减。但这样总是以加宽过渡带为代价的。

5. 线性相位FIR滤波器

如果FIR滤波器的单位取样响应$h(n)$为实数，且满足$h(n)=\pm h(N-1-n)$，则FIR滤波器具有线性相位，其系统函数满足

$$H(z)=\pm z^{-(N-1)}H(z^{-1}) \tag{9-14}$$

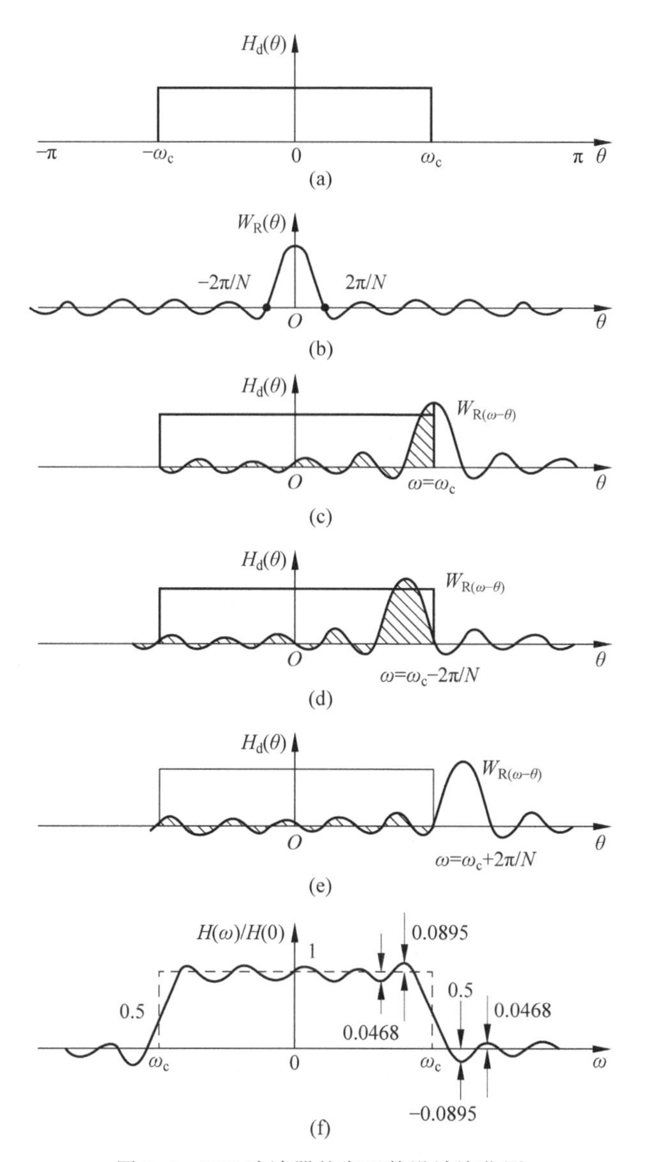

图 9.6 FIR 滤波器的窗函数设计演化图

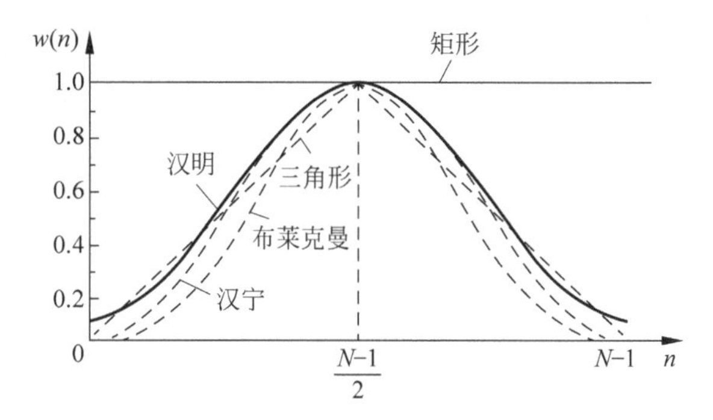

图 9.7 常见窗函数的波形

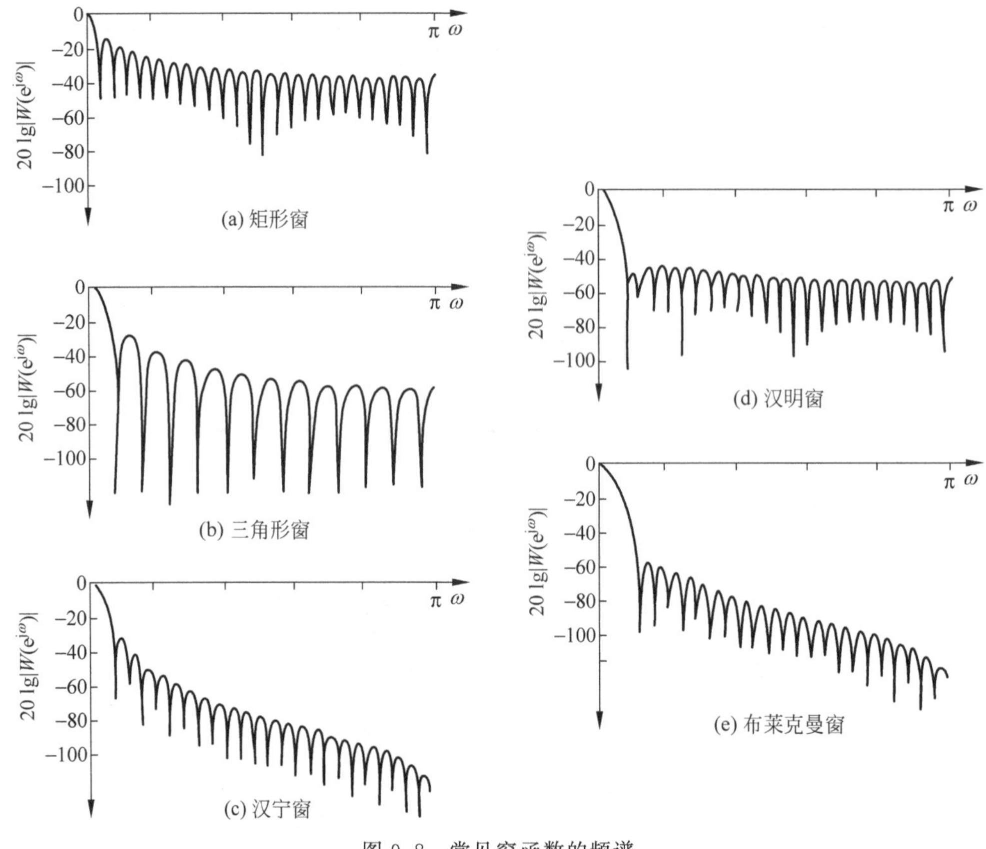

图 9.8 常见窗函数的频谱

线性相位 FIR 滤波器的零点分布特点如下。

(1) 如果零点在单位圆上,则零点以共轭对出现;

(2) 如果零点在实轴上,则零点互为倒数出现;

(3) 如果零点既不在实轴上也不在单位圆上,则四个零点互为倒数互为共轭出现;

(4) 如果零点既在单位圆上,又在实轴上,此时只有一个零点。

第一类线性相位 FIR 滤波器:当 N 为奇数,且 $h(n)=h(N-1-n)$时,系统可以具有高通、低通、带通或带阻的幅频特性,即

$$H(z)=\sum_{n=0}^{N-3/2}h(n)\left[z^{-n}+z^{-(N-1-h)}\right]+h\left(\frac{N-1}{2}\right)z^{-\left(\frac{N-1}{2}\right)} \tag{9-15}$$

$$\begin{cases}H(\mathrm{e}^{\mathrm{j}\omega})=\mathrm{e}^{-\mathrm{j}\omega\left(\frac{N-1}{2}\right)}\sum\limits_{n=0}^{N-1/2}a(n)\cos(\omega n)\\ a(0)=h\left(\dfrac{N-1}{2}\right)\\ a(n)=2h\left(\dfrac{N-1}{2}-n\right)\end{cases} \tag{9-16}$$

$$H(\omega)=\sum_{n=0}^{N-1/2}a(n)\cos(\omega n),\quad \phi(\omega)=-\omega\,\frac{(N-1)}{2} \tag{9-17}$$

第二类线性相位 FIR 滤波器：当 N 为偶数，且 $h(n)=h(N-1-n)$ 时，由于 $H(\pi)=0$，系统不可能具有高通的幅频特性，即

$$H(z)=\sum_{n=0}^{N/2-1}h(n)(z^{-n}+z^{-(N-n-1)}) \tag{9-18}$$

$$H(\mathrm{e}^{\mathrm{j}\omega})=\mathrm{e}^{-\mathrm{j}\omega\left(\frac{N-1}{2}\right)}\sum_{n=1}^{N/2}b(n)\cos\left[\omega\left(n-\frac{1}{2}\right)\right],\quad b(n)=2h\left(\frac{N}{2}-n\right) \tag{9-19}$$

$$H(\omega)=\sum_{n=1}^{N/2}b(n)\cos\left[\omega\left(n-\frac{1}{2}\right)\right],\quad \phi(\omega)=-\omega\,\frac{(N-1)}{2} \tag{9-20}$$

第三类线性相位 FIR 滤波器：当 N 为奇数，且 $h(n)=-h(N-1-n)$ 时，由于 $H(0)=H(\pi)=0$，系统不可能具有低通或高通的幅频特性，即

$$H(z)=\sum_{n=0}^{(N-3)/2}h(n)[z^{-n}-z^{-(N-1-n)}] \tag{9-21}$$

$$H(\mathrm{e}^{\mathrm{j}\omega})=\mathrm{e}^{-\mathrm{j}\left(\frac{\pi}{2}-\frac{N-1}{2}\omega\right)}\sum_{n=1}^{(N-1)/2}c(n)\sin(\omega n),\quad c(n)=2h[(N-1)/2-n] \tag{9-22}$$

$$H(\omega)=\sum_{n=1}^{(N-1)/2}c(n)\sin(\omega n),\quad \phi(\omega)=-\omega\,\frac{(N-1)}{2}+\frac{\pi}{2} \tag{9-23}$$

第四类线性相位 FIR 滤波器：当 N 为偶数，且 $h(n)=-h(N-1-n)$ 时，由于 $H(0)=0$，系统不可能具有低通的幅频特性，即

$$H(z)=\sum_{n=0}^{N/2-1}h(n)(z^{-n}-z^{-(N-n-1)}) \tag{9-24}$$

$$H(\mathrm{e}^{\mathrm{j}\omega})=\mathrm{e}^{\mathrm{j}\left(\frac{\pi}{2}-\frac{N-1}{2}\omega\right)}\sum_{m=1}^{N/2}d(n)\sin\left[\omega\left(n-\frac{1}{2}\right)\right],\quad d(n)=2h\left(\frac{N}{2}-n\right) \tag{9-25}$$

$$H(\omega)=\sum_{n=1}^{N/2}d(n)\sin\left(\omega\left(n-\frac{1}{2}\right)\right),\quad \phi(\omega)=-\omega\,\frac{(N-1)}{2}+\frac{\pi}{2} \tag{9-26}$$

6. FIR 滤波器的优化设计

FIR 滤波器的优化设计采用“最大误差最小化”的优化准则，根据滤波器的设计指标，导出一组条件，要求在此条件下，在整个逼近的频带范围内使得逼近误差绝对值的最大值为最小，从而得到唯一的最佳解。可以证明，采用最大误差最小化准则得到的最优滤波器，在通带和阻带内必然呈等纹波特性。因此，最大误差最小化准则也称为切比雪夫准则。采用切比雪夫准则设计的滤波器，误差在整个频带均匀分布，对同样的技术指标，这种逼近法需要的滤波器阶数最低，而对同样的滤波器阶数，这种逼近法的误差最小。

要求设计一个 FIR 滤波器，其幅频响应 $H(\omega)$ 在通带和阻带内最佳地一致逼近 $H_{\mathrm{d}}(\omega)$。在滤波器的设计中，通带和阻带的要求是不一样的，为了统一使用最大误差最

小化准则，通常采用误差加权函数的形式：

$$E(\omega)=W(\omega)[H_{\mathrm{d}}(\omega)-H(\omega)] \tag{9-27}$$

设所希望设计的滤波器幅频响应为

$$H_{\mathrm{d}}(\omega)=\begin{cases}1, & 0\leqslant\omega\leqslant\omega_{\mathrm{p}}\\ 0, & \omega_{\mathrm{s}}\leqslant\omega\leqslant\pi\end{cases} \tag{9-28}$$

以 $h(n)$为偶对称且 N 为奇数为例，

$$H(\mathrm{e}^{\mathrm{j}\omega})=\mathrm{e}^{-\mathrm{j}(N-1)\frac{\omega}{2}}H(\omega) \tag{9-29}$$

$$H(\omega)=\sum_{n=0}^{M}a(n)\cos(n\omega),\quad M=\frac{N-1}{2} \tag{9-30}$$

$$E(\omega)=W(\omega)\left[H_{\mathrm{d}}(\omega)-\sum_{n=0}^{M}a(n)\cos(n\omega)\right] \tag{9-31}$$

用函数 $H(\omega)$最佳一致逼近 $H_{\mathrm{d}}(\omega)$的问题是寻找系数 $a(n)$，$n=0,1,\cdots,M$，使加权误差函数 $E(\omega)$的最大绝对值达到最小，其充要条件是误差函数 $E(\omega)$在通频带 A 内至少呈现 $M+2$ 个"交错"，使得

$$E(\omega_i)=-E(\omega_{i+1}),\quad |E(\omega_i)|=\max_{\omega\in A}|E(\omega)|$$

$$\omega_0<\omega_1<\omega_2\cdots<\omega_{M+1},\quad \omega\in A \tag{9-32}$$

$$W(\omega_k)\left[H_{\mathrm{d}}(\omega_k)-\sum_{n=0}^{M}a(n)\cos n\omega\right]=(-1)^k\rho \tag{9-33}$$

其中，$\rho=\max\limits_{\omega\in A}|E(\omega)|$。可以用如下矩阵表示。求解方程组，得到系数 $a(n)$和最大加权误差 ρ，由此确定最佳滤波器 $H(\omega)$。

$$\begin{bmatrix}1 & \cos\omega_0 & \cos2\omega_0 & \cdots & \cos M\omega_0 & \dfrac{1}{W(\omega_0)}\\ 1 & \cos\omega_1 & \cos2\omega_1 & \cdots & \cos M\omega_1 & \dfrac{-1}{W(\omega_1)}\\ 1 & \cos\omega_2 & \cos2\omega_2 & \cdots & \cos M\omega_2 & \dfrac{1}{W(\omega_2)}\\ \vdots & \vdots & \vdots & \ddots & \vdots & \vdots\\ 1 & \cos\omega_M & \cos2\omega_M & \cdots & \cos M\omega_M & \dfrac{(-1)^{M+1}}{W(\omega_{M+1})}\end{bmatrix}\begin{bmatrix}a(0)\\ a(1)\\ a(2)\\ \vdots\\ a_M\\ \rho\end{bmatrix}=\begin{bmatrix}H_{\mathrm{d}}(\omega_0)\\ H_{\mathrm{d}}(\omega_1)\\ H_{\mathrm{d}}(\omega_2)\\ \vdots\\ H_{\mathrm{d}}(\omega_M)\\ H_{\mathrm{d}}(\omega_{M+1})\end{bmatrix} \tag{9-34}$$

而实际情况中，交错点组的频率 $\omega_0,\omega_1,\cdots,\omega_{M+1}$ 是不知道的。

以下介绍 Remez 迭代算法。在频域等间隔取 $M+2$ 个频率 $\omega_0,\omega_1,\cdots,\omega_{M+1}$ 作为交错点的初始值，计算 ρ 值：

$$\rho=\frac{\sum\limits_{k=0}^{M+1}a_kH_{\mathrm{d}}(\omega_k)}{\sum\limits_{k=0}^{M+1}\left(\dfrac{(-1)^ka_k}{W(\omega_k)}\right)},\quad a_k=(-1)^k\prod_{i=0,i\neq k}^{M+1}\frac{1}{\cos\omega_i-\cos\omega_k} \tag{9-35}$$

利用拉格朗日(Lagrange)插值公式,求出 $H(\omega)$:

$$H(\omega)=\frac{\sum_{k=0}^{M}\left(\frac{\beta_k}{\cos\omega-\cos\omega_k}\right)c_k}{\sum_{k=0}^{M}\frac{\beta_k}{\cos\omega-\cos\omega_k}} \tag{9-36}$$

$$C_k=H_{\mathrm{d}}(\omega_k)-(-1)^k\frac{\rho}{W(\omega_k)},\quad k=0,1,\cdots,M \tag{9-37}$$

$$\beta_k=(-1)^k\prod_{i=0,i\neq k}^{M}\frac{1}{\cos\omega_i-\cos\omega_k} \tag{9-38}$$

把 $H(\omega)$代入误差函数,求得 $E(\omega)$。如果对所有的频率都有 $|E(\omega)|\leqslant|\rho|$,说明 ρ 是纹波的极值,$\omega_0,\omega_1,\cdots,\omega_{M+1}$ 是交错点组频率。

若在某些频率点上出现 $|E(\omega)|>|\rho|$ 的现象,则交换初始交错点组中的某些点,形成一组新的交错点组。方法是对上次确定的 $\omega_0,\omega_1,\cdots,\omega_{M+1}$ 中每一个频率点,都检查其附近是否存在 $|E(\omega)|>|\rho|$ 的现象。如存在,在该频率点附近找出局部极值频率点,并用该局部极值频率点代替原来的频率点。

待 $M+2$ 个频率点都检查过之后,便得到新的交错频率点组。再次求 ρ、$H(\omega)$和 $E(\omega)$,于是完成了一次迭代,也就完成了一次交错点组的交换。

利用同样的方法,在各频率点处使 $|E(\omega)|>|\rho|$ 的点作为新的局部极值点,从而又得到一组新的交错点组。

重复以上步骤,因为新的交错点组的选择都是作为每一次求出的 $E(\omega)$的局部极值点,因此,在迭代中,每次的 $|\rho|$ 都是递增的。ρ 最后收敛到自己的上限,此时 $H(\omega)$最佳一致逼近 $H_{\mathrm{d}}(\omega)$。

整个算法流程如图 9.9 所示。

9.1.2 相关 MATLAB 函数语法介绍

1. boxcar()函数

功能介绍:产生 M 点的矩形窗函数。

语法说明:w=boxcar(M),数组 w 中产生 M 点的矩形窗函数。

$$w_{\mathrm{R}}(n)=\begin{cases}1, & 0\leqslant n\leqslant N-1\\0, & 其他\end{cases},\quad W_{\mathrm{R}}(\omega)=\frac{\sin\left(\frac{N\omega}{2}\right)}{\sin\left(\frac{\omega}{2}\right)} \tag{9-39}$$

2. triangle()函数

功能介绍:产生 M 点的 Bartlett(三角形)窗函数。

语法说明:w=triangle(M),数组 w 中产生 M 点的 Bartlett()窗函数。

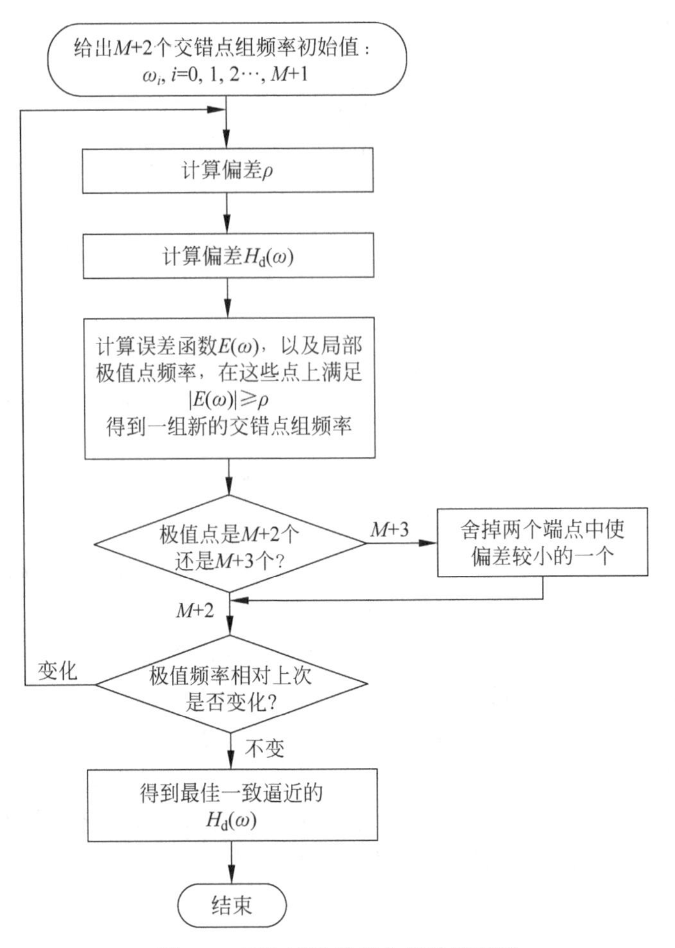

图 9.9　FIR 滤波器优化设计流程图

$$w(n)=\begin{cases}\dfrac{2n}{N-1}, & 0\leqslant n\leqslant\dfrac{N-1}{2}\\[2ex] 2-\dfrac{2n}{N-1}, & \dfrac{N-1}{2}<n\leqslant N-1\end{cases} \tag{9-40}$$

$$W_{\mathrm{Br}}(\mathrm{e}^{\mathrm{j}\omega})=\frac{1}{M}\left|\frac{\sin\left(\dfrac{\omega N}{2}\right)}{\sin\left(\dfrac{\omega}{2}\right)}\right|^{2},\quad M=\frac{N-1}{2} \tag{9-41}$$

3. hann()函数

功能介绍：产生 M 点的 Hanning()窗函数。

语法说明：w=hann(M)，数组 w 中产生 M 点的 Hanning()窗函数。

$$w(n)=\frac{1}{2}\left[1-\cos\left(\frac{2\pi n}{N-1}\right)\right]w_{\mathrm{R}}(n) \tag{9-42}$$

$$W(\omega)=0.5W_R(\omega)+0.25\left[W_R\left(\omega-\frac{2\pi}{N-1}\right)+W_R\left(\omega+\frac{2\pi}{N-1}\right)\right] \tag{9-43}$$

4. hamming()函数

功能介绍：产生 M 点的 Hamming()窗函数。

语法说明：w=hamming(M)，数组 w 中产生 M 点的 Hamming()窗函数。

$$w(n)=\left[0.54-0.46\cos\left(\frac{2\pi n}{N-1}\right)\right]w_R(n) \tag{9-44}$$

$$W(\omega)=0.54W_R(\omega)+0.23\left[W_R\left(\omega-\frac{2\pi}{N-1}\right)+W_R\left(\omega+\frac{2\pi}{N-1}\right)\right] \tag{9-45}$$

5. blackman()函数

功能介绍：产生 M 点的 Blackman()窗函数。

语法说明：w=blackman(M)，数组 w 中产生 N 点的 Blackman()窗函数。

$$w(n)=\left[0.42-0.5\cos\left(\frac{2\pi n}{N-1}\right)+0.08\cos\left(\frac{4\pi n}{N-1}\right)\right]w_R(n) \tag{9-46}$$

$$\begin{aligned}W(\omega)=&0.42W_R(\omega)+0.25\left[W_R\left(\omega-\frac{2\pi}{N-1}\right)+W_R\left(\omega+\frac{2\pi}{N-1}\right)\right]+\\&0.04\left[W_R\left(\omega-\frac{4\pi}{N-1}\right)+W_R\left(\omega+\frac{4\pi}{N-1}\right)\right]\end{aligned} \tag{9-47}$$

6. kaiser()和 kaiserord()函数

功能介绍：产生 beta 值的 M 点 Kaiser()窗函数。

语法说明：w=kaiser(M,beta)，数组 w 中产生 beta 值(β)的 N 点 Kaiser()窗函数。

$$w(n)=\frac{I_0\left[\beta\sqrt{1-\left(\frac{2n}{N-1}-1\right)^2}\right]}{I_0(\beta)} \tag{9-48}$$

$$I_0(x)=1+\sum_{k=1}^{+\infty}\left[\frac{\left(\frac{x}{2}\right)^k}{k!}\right]^2 \tag{9-49}$$

功能介绍：计算 Kaiser()窗函数的阶数和参数。

语法说明：[N,Wn,BTA]=kaiserord(F,A,DEV,Fs)，F 是以 Hz 为单位的频带边缘频率向量，按升序排列。范围为 0～Fs/2。A 是对应 F 的 0 或 1 的向量，表示指定频带上的频谱幅度。DEV 是最大衰减或波动的向量(以线性单位表示)。Fs 是采样频率(则默认为 2)。返回值 N 是阶数，Wn 是归一化的截止频率向量，BTA 是凯撒窗的参数。

7. flattopwin()函数

功能介绍：产生 M 点的平顶窗函数。

语法说明：w=flattopwin(M)，数组 w 中产生 M 点的平顶窗函数。

$$w(n)=a_0-a_1\cos\frac{2\pi n}{M-1}+a_2\cos\frac{4\pi n}{M-1}-a_3\cos\frac{6\pi n}{M-1}+a_4\cos\frac{8\pi n}{M-1} \tag{9-50}$$

其中，$a_0=0.2156$，$a_1=0.4166$，$a_2=0.2773$，$a_3=0.08358$，$a_4=0.006947$。

8．使用 designfilt()函数设计滤波器

功能介绍：设计滤波器。

语法说明：d = designfilt(resp, Name, Value)，设计一个响应类型为 resp 的 digitalFilter 对象 d。使用 Name 和 Value 指定滤波器的其他属性。该函数通过输入参数的方式实现与 filterDesigner 图形化方式设计滤波器(后面有详细描述)类似的效果。

9．filterDesigner 工具

MATLAB 中继承了可视化的滤波器设计插件 filterDesigner，可以方便地在可视化界面中设计滤波器参数，然后导出参数，以备后续使用。在命令窗口输入 filterDesigner 命令打开滤波器设计界面，如图 9.10 所示。

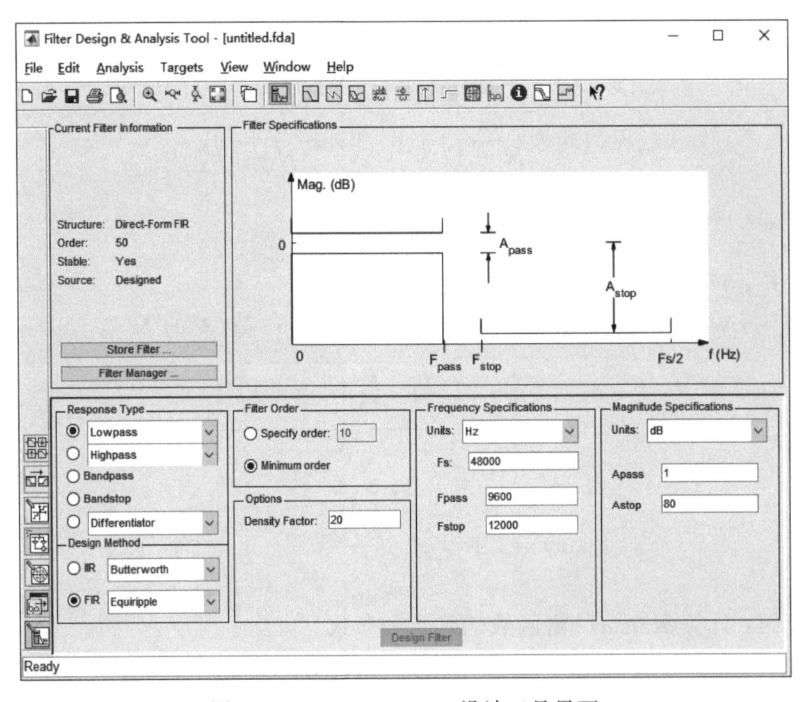

图 9.10　Filter Designer 设计工具界面

在界面中输入目标滤波器的参数后单击下方的 Design Filer 按钮进行参数计算，设计完成后上方会出现滤波器的幅频响应(在菜单栏中的 Analyses 可以选择其他分析选项)。当我们需要保存该滤波器以备后续调用时，单击 File-Export，出现导出选项窗口。其中的 Export To 可以选择 Workspace、Coefficient File 以及 MAT-File 等格式。常用的

导出方式是到 Workspace，当选择这个选项之后，下面还需要选择 Export As，如果选择 Coefficient，那么在工作区中将出现一个可自定义名称的矩阵(如 Param)，对于 FIR 滤波器来说命令行中可以调用的形式为：

```
y = filter(Param, 1, x);
```

若构造 IIR 滤波器，工作区中将出现 SOS 和 G 两个矩阵，调用形式为：

```
[b, a] = sos2tf(SOS,G);
y = filter(b, a, x);
```

如果选择 Export As 中的 Object，那么工作区中将出现一个个可自定义名称的对象(如 Param)，调用形式为：

```
y = filter(Param, x);
```

10. fir1()函数

功能介绍：基于窗函数的 FIR 滤波器设计函数。

语法说明：b=fir1(n,Wn,ftype) 使用汉明窗来设计具有线性相位的 n 阶低通、高通、带通、带阻或多频带滤波器，滤波器类型取决于 ftype 的值和 Wn 的元素数量。

b=fir1(___,window)使用 window 中指定的向量和先前语法中的任何参数设计滤波器。

11. fir2()函数

功能介绍：基于频率采样法设计 FIR 滤波器的函数。

语法说明：b=fir2(n,f,m) 返回幅频特性由向量 f 和 m 指定的 n 阶 FIR 滤波器。该函数将所需的频率响应线性插值到密集的网格上，然后使用傅里叶逆变换和 Hamming 窗来获得滤波器系数。b 中存储该 FIR 滤波器的 n+1 个系数。

12. firpm()函数

功能介绍：使用 Parks-McClellan 优化算法设计 FIR 滤波器。

语法说明：b=firpm(n,f,a) 返回幅频特性由向量 f 和 a 指定的 n 阶 FIR 滤波器。b 中存储该 FIR 滤波器的 n+1 个系数。

13. firpmord()函数

功能介绍：预估使用 Parks-McClellan 优化算法设计 FIR 滤波器的阶数。

语法说明：[n,fo,ao,w]=firpmord(f,a,dev) 返回预估的滤波器阶数 n，归一化截止频率 fo，通带幅频响应 ao，以及满足输入参数的权重 w。输入参数包括幅频特性向量 f

和 a,以及描述通带纹波和阻带衰减的向量 dev。

14. fftfilt()函数

功能介绍:使用重叠相加法快速计算系统响应,只适合 FIR 系统。

语法说明:y=fftfilt(b,x) 返回 FIR 系统的响应,FIR 系统的单位样值响应为 b,系统的激励信号为 x。

y=fftfilt(b,x,n) 返回 FIR 系统的响应,计算的时候采用 n 点 FFT 运算,FIR 系统的单位样值响应为 b,系统的激励信号为 x。

9.2 实验示例

例 9.1 设计一个数字 FIR 的低通滤波器,其技术指标如下:

$$\omega_p = 0.2\pi,\quad R_p = 0.25\text{dB},\quad \omega_s = 0.3\pi,\quad A_s = 50\text{dB}$$

选择一种适合的窗函数,求脉冲响应并提供一幅已设计好的滤波器的频率响应图。

题解:用 Hamming 和 Blackman 窗函数都能提供大于 A_s=50dB 的阻带衰减。现在选用 Hamming 窗函数,它给出比较小的过渡带,因此有较低的阶。尽管在设计中没有用到通带波纹值,但是还必须从这个设计中校核真正的波纹值,以证实波纹确实在给出的容度之内。

```
function hd = ideal_lp(wc,M);
    alpha = (M-1)/2;
    n = [0:1:(M-1)];
    m = n-alpha;
    fc = wc/pi;
    hd = fc*sinc(fc*m);
function [db,mag,pha,grd,w] = freqz_m(b,a);
    [H,w] = freqz(b,a,1000,'whole');
    H = (H(1:1:501))';
    w = (w(1:1:501))';
    mag = abs(H);
    db = 20*log10((mag+eps)/max(mag));
    pha = angle(H);
    grd = grpdelay(b,a,w);
    wp = 0.2*pi;
    ws = 0.3*pi;
    tr_width = ws - wp;
    M = ceil(6.6*pi/tr_width) + 1;
    n = [0:1:M-1];
    wc = (ws + wp)/2;
    hd = ideal_lp(wc,M);
    w_ham = (hamming(M))';
    h = hd.*w_ham;
    [db,mag,pha,grd,w] = freqz_m(h,[1]);
```

```
delta_w = 2 * pi/1000;
Rp = - (min(db(1:1:wp/delta_w + 1)));
As = - round(max(db(ws/delta_w + 1:1:501)));
subplot(2,2,1);
stem(n,hd);
axis([0 M - 1  - 0.1 0.3]);
title('Ideal Impluse Response');
xlabel('n');
ylabel('hd(n)');
subplot(2,2,2);
stem(n,w_ham);
title('Hamming window')
axis([0 M - 1 0 1.1]);
xlabel('n');ylabel('w(n)')
subplot(2,2,3);
stem(n,h);
axis([0 M - 1  - 0.1 0.3]);
title('Actual Impluse Response');
xlabel('n');ylabel('h(n)');
subplot(2,2,4);
plot(w/pi,db);
title('Magnitude Response in dB');
grid on;
axis([0 1  - 100 10]);
ylabel('Decibels')
xlabel('frequency in pi units');
```

运行程序,结果如图 9.11 所示。

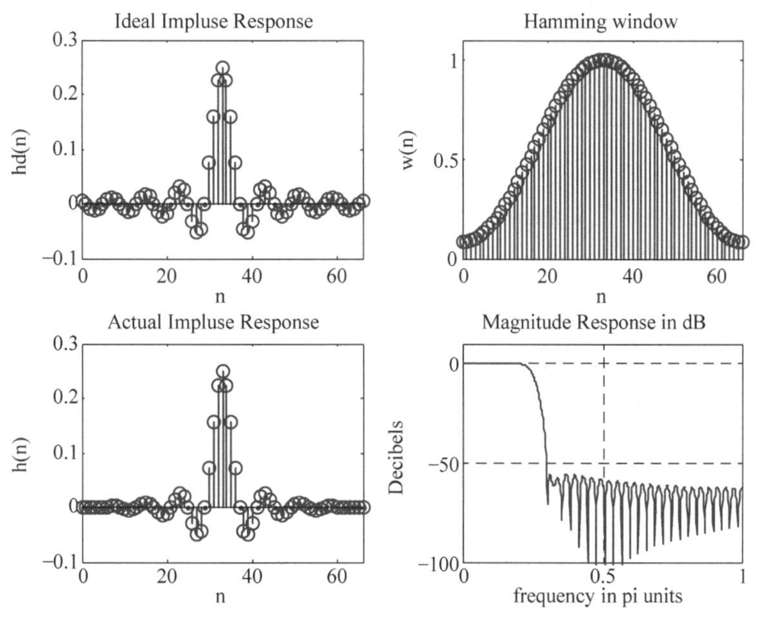

图 9.11　例 9.1 的运行结果

例 9.2 试设计下面的数字带通滤波器：

下阻带边缘：$\omega_{1s}=0.2\pi, A_s=60\text{dB}$

下通带边缘：$\omega_{1p}=0.35\pi, R_p=1\text{dB}$

上通带边缘：$\omega_{2p}=0.65\pi, R_p=1\text{dB}$

上阻带边缘：$\omega_{2s}=0.8\pi, A_s=60\text{dB}$

题解：一共有两个过渡带。在窗口法设计中这两个过渡带宽必须是相同的，不存在独立控制。因此，对于这个设计既能用 Kaiser 窗，也可以用 Blackman 窗，现用 Blackman 窗。设计中还是需要理想带通滤波器的脉冲响应 $h_d(n)$。注意，这个脉冲响应可以由两个理想低通幅度响应得到，只要它们有相同的相位响应即可。

```
ws1 = 0.2 * pi;
wp1 = 0.35 * pi;
wp2 = 0.65 * pi;
ws2 = 0.8 * pi;
As = 60;
tr_width = min((wp1 - ws1),(ws2 - wp2));
M = ceil(11 * pi/tr_width) + 1;
n = [0:1:M - 1];
wc1 = (ws1 + wp1)/2;
wc2 = (wp2 + ws2)/2;
hd = ideal_lp(wc2,M) - ideal_lp(wc1,M);
w_bla = (blackman(M))';
h = hd. * w_bla;
[db,mag,pha,grd,w] = freqz_m(h,[1]);
delta_w = 2 * pi/1000;
Rp = - min(db(wp1/delta_w + 1:1:wp2/delta_w));
As = - round(max(db(ws2/delta_w + 1:1:501)));
subplot(2,2,1);
stem(n,hd);
title('Ideal Impluse Response')
axis([0 M - 1  - 0.4 0.5]);
xlabel('n');
ylabel('hd(n)')
subplot(2,2,2);stem(n,w_bla);
title('Blackman window')
axis([0 M - 1 0 1.1]);
xlabel('n');ylabel('w(n)')
subplot(2,2,3);stem(n,h);
title('Actual Impluse Response')
axis([0 M - 1  - 0.4 0.5]);
xlabel('n');ylabel('h(n)')
subplot(2,2,4);
plot(w/pi,db);
axis([0 1  - 150 10]);
title('Magnitude Response in dB');grid;
xlabel('frequency in pi units');ylabel('Decibels')
```

运行程序，结果如图 9.12 所示。

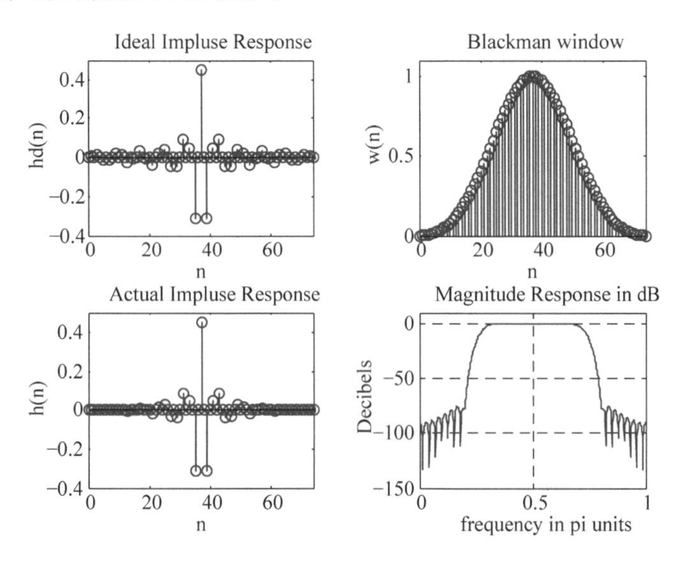

图 9.12 例 9.2 的运行结果

例 9.3 设计下面的高通滤波器：

$$\omega_s = 0.6\pi, \quad A_s = 50\text{dB}$$

$$\omega_p = 0.8\pi, \quad R_p = 1\text{dB}$$

```
wp = 0.6 * pi; ws = 0.4 * pi;
wd = (wp + ws)/2; N = 33;M = (N - 1)/2;
nn = - M:M; n = nn + eps;
hd = 2 * (( - 1).^n). * sin(wd * n)./(pi * n);
w = blackman(N)'; h = hd. * w;
H = 20 * log10(abs(fft(h,1024)));
HH = [H(513:1024) H(1:512)];
subplot(221); stem(nn,hd,'k');
xlabel('n'); axis([ - 45 54 - 0.9 2]);
subplot(222); stem(nn,w,'k');
axis([ - 45 54 - 0.5 2]); xlabel('n');
subplot(223); stem(nn,h,'k');
axis([ - 45 54 - 0.9 2]); xlabel('n');
w = ( - 512:511)/511;
subplot(224); plot(w,HH,'k');
xlabel('\omega/\pi'); grid on
```

运行程序，结果如图 9.13 所示。

例 9.4 利用 Kaiser 窗设计一个长度为 45、阻带衰减为 60dB 的带阻滤波器。

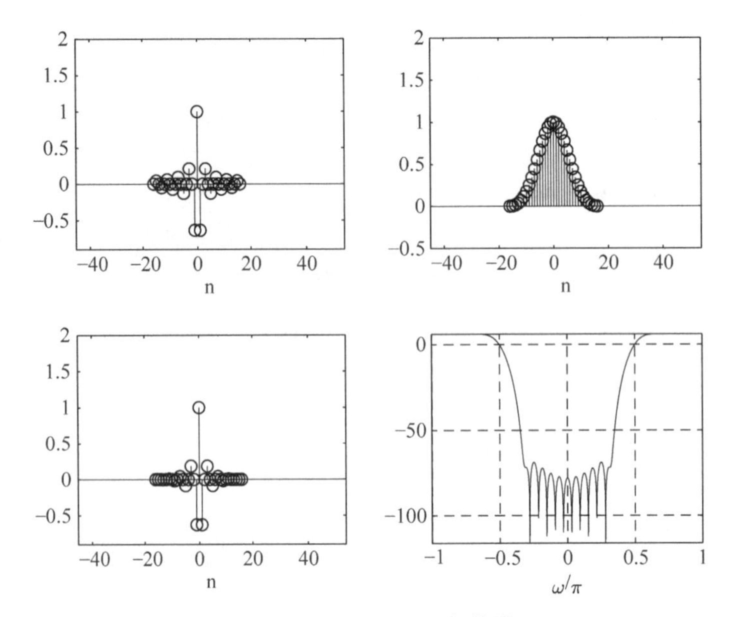

图 9.13 例 9.3 的运行结果

$$H_e(e^{j\omega})=\begin{cases}1, & 0\leqslant|\omega|\leqslant\pi/3\\0, & \pi/3\leqslant|\omega|\leqslant 2\pi/3\\1, & 2\pi/3\leqslant|\omega|\leqslant\pi\end{cases}$$

```
M = 45;
As = 60;
n = [0:1:M - 1];
beta = 0.1102 * (As - 8.7);
w_kai = (kaiser(M,beta))';
wc1 = pi/3;
wc2 = 2 * pi/3;
wp = 0.2 * pi;
ws = 0.3 * pi;
tr_width = ws - wp;
hd = ideal_lp(wc1,M) + ideal_lp(pi,M) - ideal_lp(wc2,M);
h = hd. * w_kai;
[db,mag,pha,grd,w] = freqz_m(h,[1]);
subplot(2,2,1);stem(n,hd);
title('Ideal Impluse Response');
xlabel('n');
ylabel('hd(n)');
axis([ - 1 M  - 0.2 0.8]);
subplot(2,2,2);
stem(n,w_kai);
title('Kaiser window');
axis([ - 1 M 0 1.1]);
```

```
xlabel('n');
ylabel('w(n)');
subplot(2,2,3);
stem(n,h);
title('Actual Impluse Response')
axis([-1 M -0.2 0.8]);
xlabel('n');
ylabel('h(n)')
subplot(2,2,4);
plot(w/pi,db); grid on
title('Magnitude Response in dB');
axis([0 1 -80 10]);
xlabel('frequency in pi units');
ylabel('Decibels')
```

运行程序,结果如图 9.14 所示。

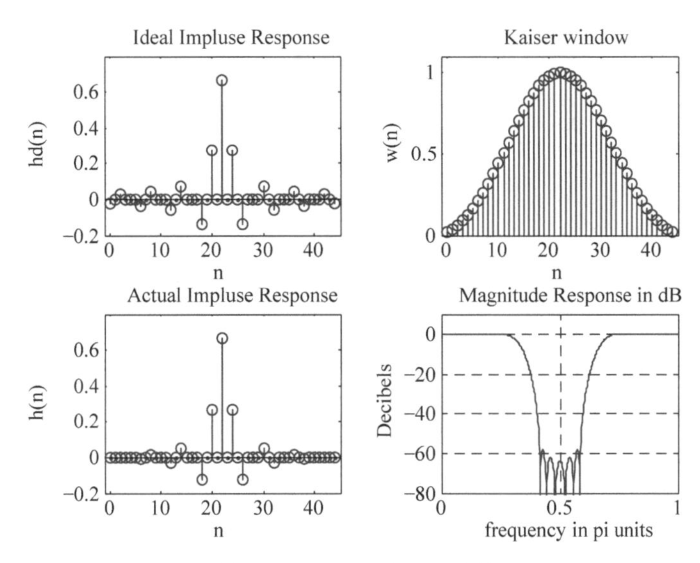

图 9.14 例 9.4 的运行结果

例 9.5 考虑下面的技术指标:

$$\omega_p=0.2\pi,\quad R_p=0.25\text{dB}$$

$$\omega_s=0.3\pi,\quad A_s=50\text{dB}$$

利用频率采样途径设计一个 FIR 滤波器。

题解:现选 $M=20$,在 ω_p 处有一个频率样本,即 $k=2,\omega_p=0.2\pi$。下一个样本在 ω_s 处,即 $k=2,\omega_s=0.3\pi$。

这样在通带$[0\leqslant\omega\leqslant\omega_p]$内有 3 个样本,在阻带$[\omega_s\leqslant\omega\leqslant\pi]$内有 7 个样本。

$$H_r(k)=[1,1,1,0,0,0,0,0,0,0,0,0,0,0,0,0,0,0,1,1]$$

由于 $M=20,\alpha=\frac{20-1}{2}=9.5$，并且这是一个Ⅱ类线性相位滤波器，有

$$\angle H(k)=\begin{cases}-0.95\pi k, & 0\leqslant k\leqslant 9\\ +0.95\pi(20-k), & 10\leqslant k\leqslant 9\end{cases}$$

```
function [Hr,w,b,L] = Hr_Type2(h);
    M = length(h);L = M/2;b = 2 * [h(L: - 1:1)];n = [1:1:L];
    n = n - 0.5;w = [0:1:500]' * pi/500;Hr = cos(w * n) * b';
```

运行程序，结果如图 9.15 所示。

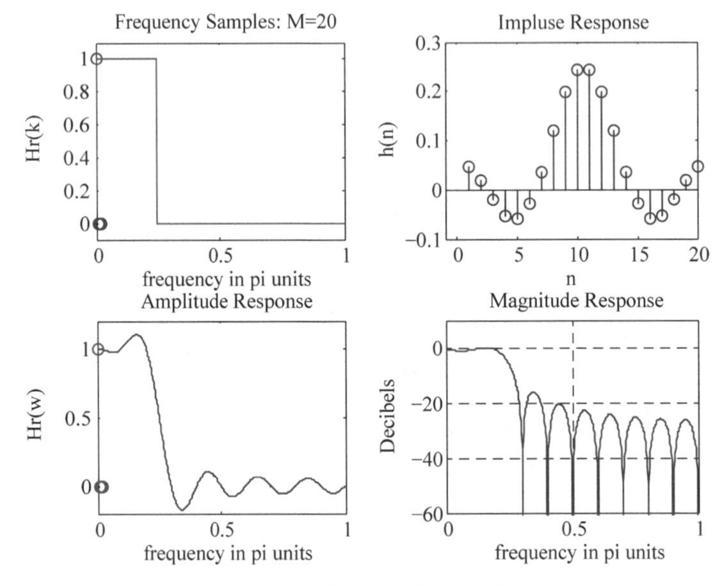

图 9.15　例 9.5 的运行结果

例 9.6　用 filterDesigner 重新完成例 9.5。

```
M = 20; alpha = (M - 1)/2;
l = 0:M - 1; wl = (2 * pi/M) * l;
Hrs = [1,1,1,zeros(1,15),1,1];
Hdr = [1,1,0,0];
wdl = [0,0.25,0.25,1]; k1 = 0:floor((M - 1)/2);
k2 = floor((M - 1)/2) + 1:M - 1;
angH = [ - alpha * (2 * pi)/M * k1,alpha * (2 * pi)/M * (M - k2)];
H = Hrs. * exp(j * angH);h = real(ifft(H,M));
[db,mag,pha,grd,w] = freqz_m(h,1);
[Hr,ww,a,L] = Hr_Type2(h);
subplot(2,2,1);
plot(w(1:11)/pi,Hrs(1:11),'o', wdl,Hdr);
axis([0,1, - 0.1,1.1]);
```

```
title('Frequency Samples: M = 20')
xlabel('frequency in pi units');ylabel('Hr(k)')
subplot(2,2,2);stem(h);
axis([ - 1,M, - 0.1,0.3])
title('Impluse Response');
xlabel('n');ylabel('h(n)');
subplot(2,2,3);
plot(ww/pi,Hr,w(1:11)/pi,Hrs(1:11),'o');
axis([0,1, - 0.2,1.2]);
title('Amplitude Response')
xlabel('frequency in pi units');ylabel('Hr(w)');
subplot(2,2,4); plot(w/pi,db);
axis([0,1, - 60,10]);grid
title('Magnitude Response');
xlabel('frequency in pi units');
ylabel('Decibels')
```

根据题意,启动 Filter Designer,设定参数如图 9.16 所示(注意观察通带的线性相位特性),最终获得滤波器的单位样值响应。

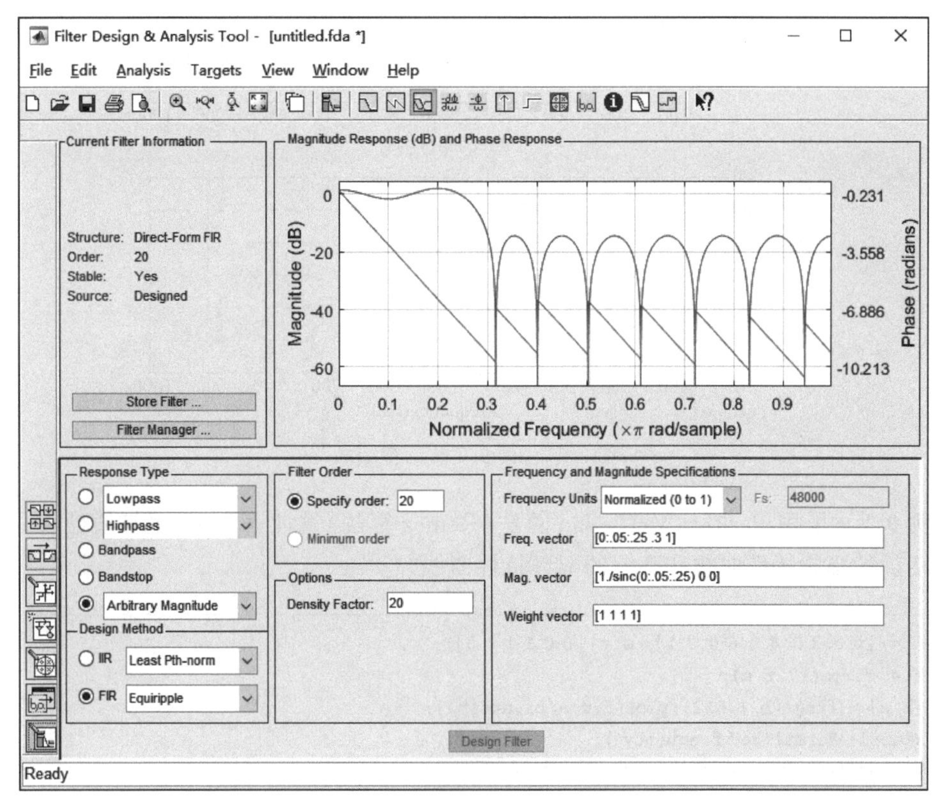

图 9.16 例 9.6 的运行结果

例 9.7 设计一个具有 500Hz 通带截止频率和 600Hz 阻带截止频率的最小阶线性相位低通 FIR 滤波器。指定使用 2000Hz 的采样频率。要求阻带中至少有 40dB 的衰减,以及通带中小于 3dB 的纹波。

解题思路:采用 Parks－McClellan 算法设计,可以借助通带纹波来降低滤波器的阶数,从而满足题意,得到阶数为 22 阶。

```
rp = 3; rs = 40; fs = 2000; f = [500 600]; a = [1 0];
dev = [(10^(rp/20) - 1)/(10^(rp/20) + 1),10^( - rs/20)];
[n,fo,ao,w] = firpmord(f,a,dev,fs);
b = firpm(n,fo,ao,w);freqz(b,1,1024,fs);
title('低通滤波器幅频响应');disp(n)
>> 22
```

运行程序,结果如图 9.17 所示。

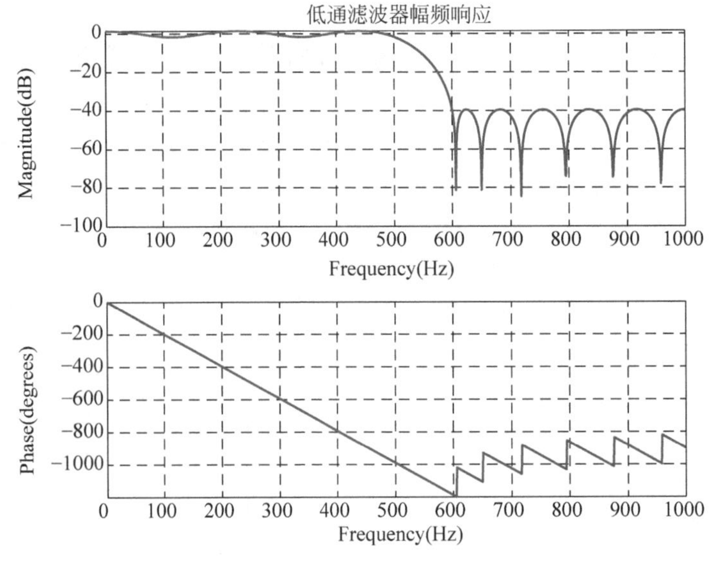

图 9.17　例 9.7 的运行结果

例 9.8 采用 Parks－McClellan 算法(Remez 算法)设计一个 17 阶带通滤波器,并画出期望的幅频特性曲线和实际的幅频特性曲线。

```
f = [0 0.3 0.4 0.6 0.7 1]; m = [0 0 1 1 0 0];
b = firpm(17,f,m);
[h,w] = freqz(b,1,512);plot(f,m,w/pi,abs(h));
xlabel('Normalized frequency');
legend('ideal','real');
```

运行程序,结果如图 9.18 所示。

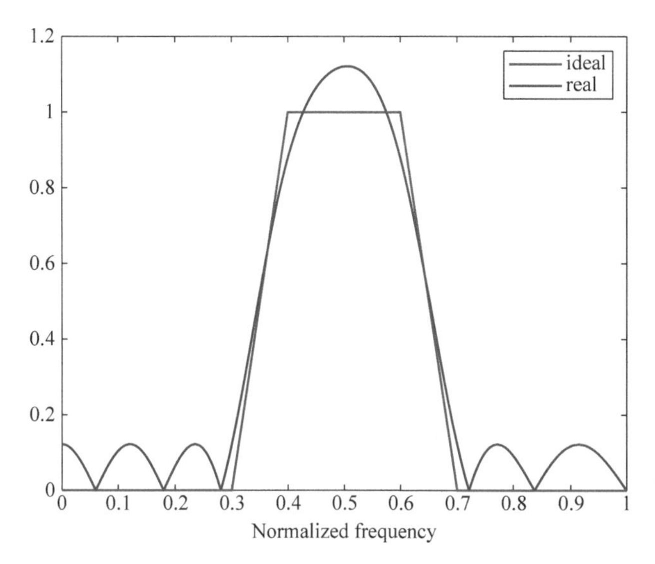

图 9.18 例 9.8 的运行结果

9.3 练习题

9.1 分别用窗函数方法和频率采样法设计线性相位 FIR 滤波器，将信号 $x(n)=\left(\sin\left(\frac{n\pi}{2}\right)+\sin\left(\frac{nN\pi}{2N+50}\right)+\sin\left(\frac{nN\pi}{2N-50}\right)\right)(u(n)-u(n-M))$中的 $\sin\left(\frac{nN\pi}{2N+50}\right)$频率分量滤除（$N=$学号后三位$+100$）。要求给出滤波器基本参数（阶数，过渡带带宽，$-3$dB 截止频率，是否为线性相位，窗函数类型等），绘制滤波器幅频特性图和相频特性图，绘制并对比滤波前后信号的幅度谱（自行选择合适的 M，尽量减少频谱栅栏效应现象）。要求通带波动小于 1dB，滤波后残留的频率成分越少越好（至少衰减 40dB），滤波器的阶数越低越好。

9.2 分别用窗函数方法和频率采样法设计线性相位 FIR 滤波器，将 9.1 题中的 $\sin\left(\frac{nN\pi}{2N-50}\right)$频率分量滤除（$N=$学号后三位$+100$）。要求给出滤波器基本参数（阶数，过渡带带宽，$-3$dB 截止频率，是否为线性相位，窗函数类型等），绘制滤波器幅频特性图和相频特性图，绘制并对比滤波前后信号的幅度谱（自行选择合适的 M，尽量减少频谱栅栏效应现象）。要求通带波动小于 1dB，滤波后残留的频率成分越少越好（至少衰减 40dB），滤波器的阶数越低越好。

9.3 分别用窗函数方法和频率采样法设计线性相位 FIR 滤波器，将 9.1 题中的 $\sin\left(\frac{nN\pi}{2N+50}\right)$和 $\sin\left(\frac{nN\pi}{2N-50}\right)$频率分量同时滤除（$N=$学号后三位$+100$）。要求给出滤波器基本参数（阶数，过渡带带宽，$-3$dB 截止频率，是否为线性相位，窗函数类型等），绘制滤波器幅频特性图和相频特性图，绘制并对比滤波前后信号的幅度谱（自行选择合适

的 M,尽量减少频谱栅栏效应现象)。要求通带波动小于 1dB,滤波后残留的频率成分越少越好(至少衰减 40dB),滤波器的阶数越低越好。

9.4 分别用窗函数方法和频率采样法设计线性相位 FIR 滤波器,将 9.1 题中的 $\sin\left(\frac{n\pi}{2}\right)$ 频率分量滤除(N=学号后三位+100)。要求给出滤波器基本参数(阶数,过渡带带宽,−3dB 截止频率,是否为线性相位,窗函数类型等),绘制滤波器幅频特性图和相频特性图,绘制并对比滤波前后信号的幅度谱(自行选择合适的 M,尽量减少频谱栅栏效应现象)。要求通带波动小于 1dB,滤波后残留的频率成分越少越好(至少衰减 40dB),滤波器的阶数越低越好。

9.5 用 MATLAB 对下面每个 FIR 系统,(1)画出一阶或二阶实系数级联形式的系统结构框图,要求首先通过计算,给出计算结果。(2)画出系统幅频响应图和相频响应图,并说明滤波器性质。

$$H_1(z) = -0.24 + 0.184z^{-1} + 0.4448z^{-2} + 1.296z^{-3} + 0.4448z^{-4} + 0.184z^{-5} - 0.24z^{-6}$$

$$H_2(z) = 4 - 13.6z^{-1} - 25.08z^{-2} + 77.2z^{-3} - 25.08z^{-4} - 13.6z^{-5} + 4z^{-6}$$

$$H_3(z) = -0.24 + 0.184z^{-1} + 0.4448z^{-2} - 0.4448z^{-4} - 0.184z^{-5} + 0.24z^{-6}$$

$$H_4(z) = 4 - 13.6z^{-1} - 25.08z^{-2} + 25.08z^{-4} + 13.6z^{-5} - 4z^{-6}$$

9.6 给定一个周期锯齿波,根据傅里叶级数的原理,可以分解为基波和谐波。已知该周期信号的基波频率 $f=\left(51+\frac{N}{200}\right)$Hz($N$=每位同学学号后三位+100,$f$ 保留 2 位小数有效数字),通过 2000Hz 的采样频率采样 500 点。用 MATLAB 编写程序,采用 FIR 滤波器设计一个系统,根据时域和频谱数据编程计算出基波频率(误差小于 1%),(2 次,3 次,4 次,5 次)谐波与基波幅度的比值(误差在 1%以内)。

9.7 有一个 32 阶的线性相位 FIR 带通滤波器满足阻带 60dB 衰减的要求,阻带边缘归一化频率为 0.2 和 0.8,可以用如下 MATLAB 代码实现:

```
Ws1 = 0.2; Ws2 = 0.8; As = 60;
M = 32; Df = 0.2115;
Fp1 = Ws1 + Df; Fp2 = Ws2 - Df;
h = firpm(M - 1,[0, Ws1, Fp1, Fp2, Ws2, 1], [0,0,1,1,1,0,0]);
```

(1) 用直接型结构实现上述滤波器,并将系数舍入到 4 位十进制有效数字,绘制其幅频响应、相频响应、相位延迟和群延迟图;

(2) 用直接型结构实现上述滤波器,并将系数舍入到 3 位十进制有效数字,绘制其幅频响应、相频响应、相位延迟和群延迟图;

(3) 最低可用多少位二进制数的系数实现上述 FIR 系统?

第10章 IIR滤波器的设计

10.1 基础理论及相关 MATLAB 函数语法介绍

10.1.1 基础理论

1. 滤波器的参数

低通、高通、带通、带阻是四种常见滤波器。理想的低通、高通、带通、带阻滤波器幅频特性曲线如图 10.1 所示。

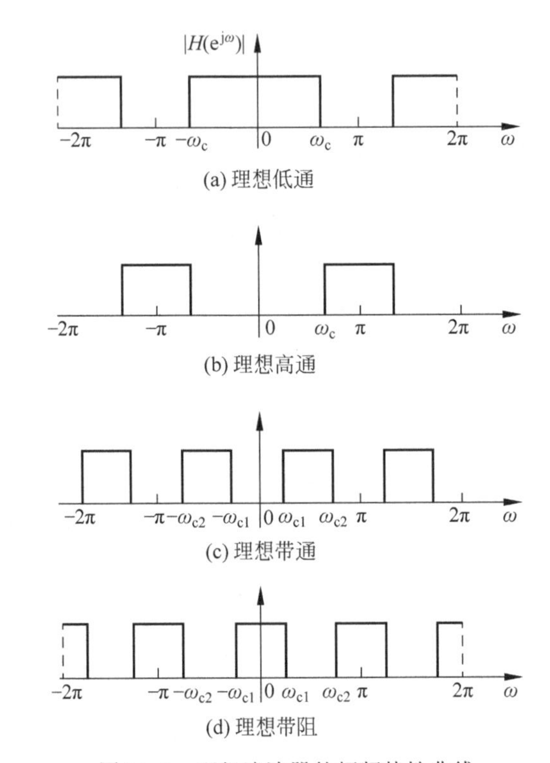

图 10.1 理想滤波器的幅频特性曲线

理想滤波器由于其非因果性，在物理上不可实现。实际滤波器的幅频响应，其过渡带不为零，阻带衰减不是无穷大，通带和阻带不一定平坦且都有可能存在波动，如图 10.2 所示。通带存在波动 δ_p，阻带存在波动 δ_s，通带截止频率 ω_p 和阻带起始频率 ω_s 的差为过渡带。

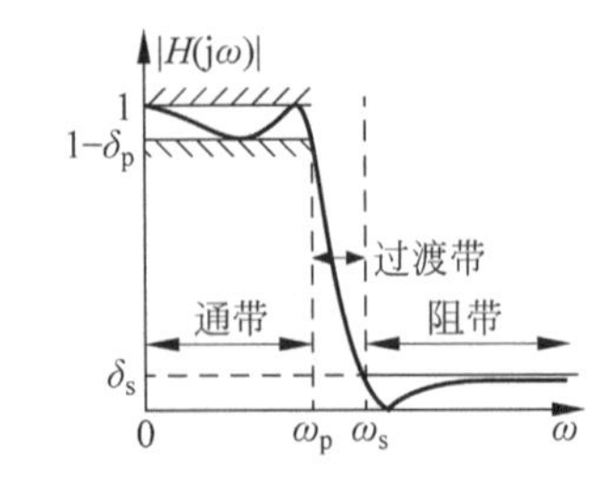

图 10.2 非理想滤波器的幅频响应曲线

2. IIR 滤波器的结构

IIR 滤波器在结构上存在输出到输入的反馈，其差分方程表示法：

$$y(n)=\sum_{k=1}^{N}a_k y(n-k)+\sum_{k=0}^{M}b_k x(n-k) \tag{10-1}$$

系统函数表示法：

$$H(z)=\frac{Y(z)}{X(z)}=\frac{\sum_{k=0}^{M}b_k z^{-k}}{1-\sum_{k=1}^{N}a_k z^{-k}} \tag{10-2}$$

直接型信号流图表示法(见图 10.3)。

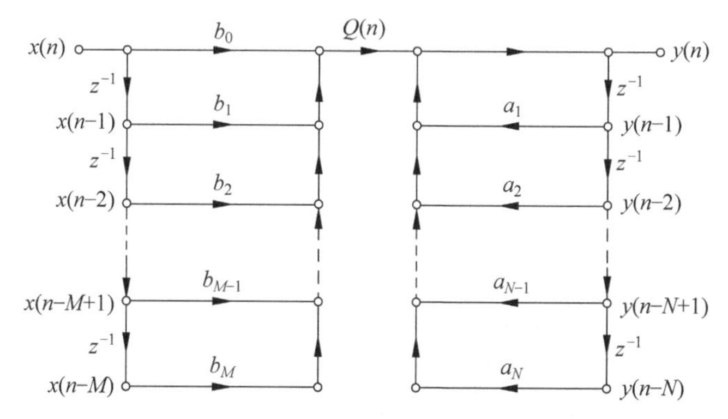

图 10.3　IIR 滤波器的直接型信号流图

根据线性时不变系统的互易性，可以得到正准型信号流图表示法(见图 10.4)。

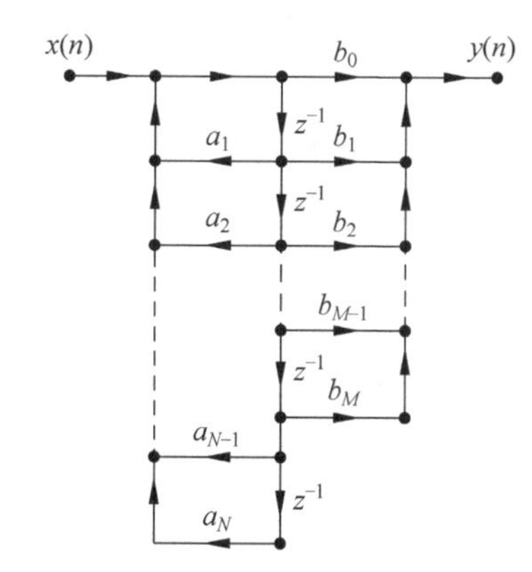

图 10.4　IIR 滤波器的正准型信号流图

级联型信号流图表示法见图 10.5。

并联型信号流图表示法见图 10.6。

可以使用 tf2sos 函数将直接型转换为级联型。级联的特点：

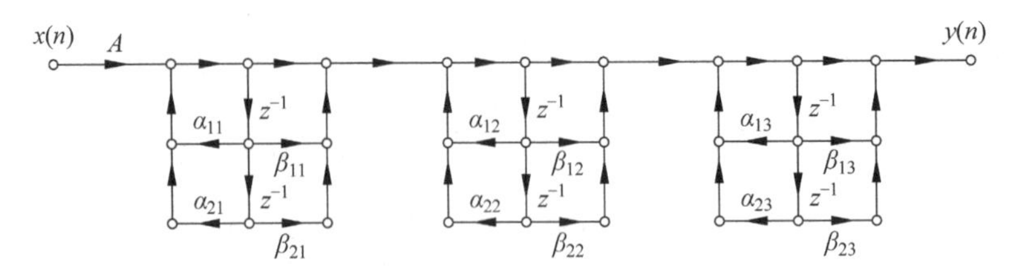

图 10.5　IIR 滤波器的级联型信号流图

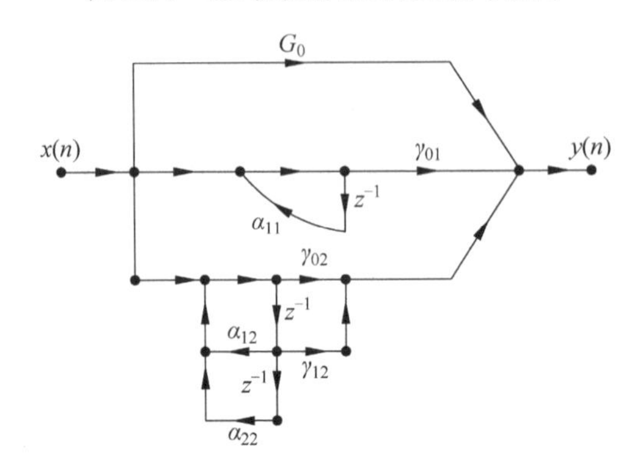

图 10.6　IIR 滤波器的并联型信号流图

(1) 每个基本节与滤波器的一对极点和一对零点有关。

(2) 调整系数 β_{1k} 和 β_{2k} 单独调整滤波器第 k 对零点，而不影响其他零点、极点。

(3) 调整系数 α_{1k}、α_{2k} 单独调整滤波器第 k 对极点，而不影响其他零点、极点。

可以使用 residuez()函数将直接型转换为级联型。

并联的特点：

(1) 并联结构可以单独调整极点位置。

(2) 不能单独调整零点的位置，因为并联型各子系统的零点，并非整个系统函数的零点。

(3) 各并联基本节的误差相互没有影响，因此，并联形式运算误差最小。

(4) 由于基本节并联，可同时对输入信号进行运算，运算速度快。

3. 常用的 IIR 低通滤波器原型

1) 巴特沃斯(Butterworth)滤波器

巴特沃斯滤波器具有单调下降的幅频特性，幅度平方函数为

$$|H_a(j\Omega)|^2=\frac{1}{1+\left(\frac{\Omega}{\Omega_c}\right)^{2N}} \tag{10-3}$$

式中，N 为滤波器阶数，Ω_c 为 3dB 截止频率。幅频特性随着 Ω 增加单调下降，下降的速度与阶数有关。随着 N 增大，幅度下降的速度越快，过渡带越窄，在通带内更接近于 1，在阻带内迅速接近于零，因而幅度特性更接近于理想的矩形频率特性。N 阶巴特沃斯低通滤波器有 $2N$ 个极点：

$$s_k=\Omega_c e^{j\pi\left(\frac{1}{2}+\frac{2k+1}{2N}\right)} \quad k=0,1,2,\cdots,2N-1 \tag{10-4}$$

这 N 个极点等间隔分布在半径为 Ω_c 的圆上(该圆称为巴特沃斯圆),间隔是 π/N,极点以虚轴为对称轴,而且不会落在虚轴上。当 N 是奇数时,实轴上有两个极点;当 N 是偶数时,实轴没有极点。

2) 切比雪夫(Chebyshev)滤波器

切比雪夫滤波器的幅频特性在通带或者阻带内有波动,可以提高选择性;在通带内是等波纹的,在阻带内是单调的,称为切比雪夫Ⅰ型滤波器;在通带内是单调的,在阻带内是等波纹的,称为切比雪夫Ⅱ型滤波器。幅度平方函数为

$$|H_a(j\Omega)|^2=\frac{1}{1+\varepsilon^2 C_N^2\left(\dfrac{\Omega}{\Omega_p}\right)} \tag{10-5}$$

式中,ε 是小于1的正数,称为纹波参数,是表示通带内纹波大小的一个参数,ε 越大,纹波也越大。Ω_p 称为有效通带截止频率。

$$C_N(x)=\begin{cases}\cos(N\arccos x), & |x|\leqslant 1\\ \mathrm{ch}(N\,\mathrm{arcch}x), & |x|>1\end{cases} \tag{10-6}$$

上式称为切比雪夫多项式,N 为其阶数,其递推公式为

$$C_{N+1}(x)=2xC_N(x)-C_{N-1}(x) \tag{10-7}$$

其幅频特性曲线如图10.7所示。

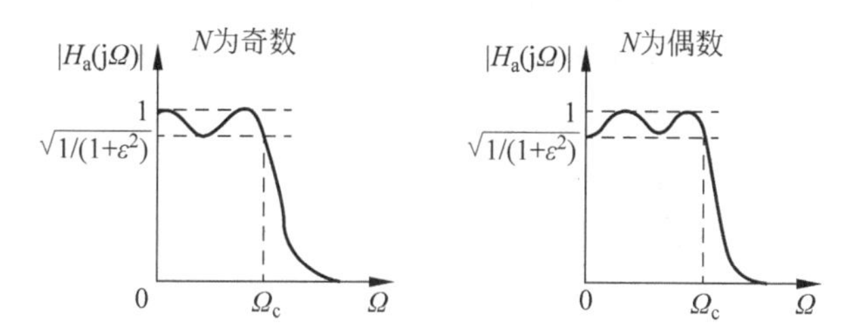

图10.7 切比雪夫滤波器的幅频特性曲线

在通带内,在1和$\dfrac{1}{\sqrt{1+\varepsilon^2}}$之间起伏变化;在阻带内是单调下降的;当 N 为奇数时,滤波器在 $\Omega=0$ 处的幅度响应为1;当 N 为偶数时,滤波器在 $\Omega=0$ 处的幅度响应为$\dfrac{1}{\sqrt{1+\varepsilon^2}}$。

当 $\Omega=\Omega_p$ 时,

$$|H_a(j\Omega)|=\frac{1}{\sqrt{1+\varepsilon^2}} \tag{10-8}$$

若允许的通带纹波为 δ,那就可以得到

$$\varepsilon^2=10^{\frac{\delta}{10}}-1 \tag{10-9}$$

切比雪夫滤波器阶数 N 的计算方法为

$$N=\frac{\operatorname{arch}\left[\sqrt{\frac{1}{|H_a(j\Omega_s)|^2}-1}\right]}{\operatorname{arch}\left(\frac{\Omega_s}{\Omega_p}\right)} \tag{10-10}$$

N 阶切比雪夫低通滤波器有 $2N$ 个极点，等角度间隔（间隔为 π/N）分布在 $\Omega_s\text{ch}\xi$ 为长半轴，$\Omega_s\text{sh}\xi$ 为短半轴的椭圆上。其中，$\xi=\frac{1}{N}\operatorname{arsh}\left(\frac{1}{\varepsilon}\right)$。

3）椭圆（Ellipse）滤波器

椭圆滤波器是在通带和阻带等波纹的一种滤波器。椭圆滤波器相比其他类型的滤波器，在阶数相同的条件下有着最小的通带和阻带波动。它在通带和阻带的波动相同，这一点区别于通带和阻带都平坦的巴特沃斯滤波器，以及通带平坦、阻带等波纹或阻带平坦、通带等波纹的切比雪夫滤波器。其频率响应幅度平方函数为

$$|H_a(j\Omega)|^2=\frac{1}{1+\varepsilon^2U_N^2\left(\frac{\Omega}{\Omega_p}\right)} \tag{10-11}$$

式中，ε 是小于 1 的正数，称为纹波参数，是表示通带内纹波大小的一个参数，ε 越大，纹波也越大。Ω_p 称为有效通带截止频率。$U_N(x)$ 称为雅可比椭圆函数，N 为其阶数。从系统函数来看，巴特沃斯和切比雪夫滤波器的系统函数都是一个常数除以一个多项式，为全极点网络，仅在无限大阻带处衰减为无限大。而椭圆滤波器既有零点又有极点。极点在通带内产生等波纹，阻带内的零点减少了过渡区，可获得极为陡峭的衰减曲线。也就是说在阶数相同的条件下，椭圆滤波器相比于其他类型的滤波器，能获得更窄的过渡带宽和较小的阻带波动。就这点而言，椭圆滤波器是最优的。它陡峭的过渡带特性是以通带和阻带的起伏为代价来换取的，并且在通带和阻带的波动相同。

其特点可归纳如下。

(1) 椭圆低通滤波器在有限频率范围内存在传输零点和极点。

(2) 椭圆低通滤波器的通带和阻带都具有等波纹特性。

(3) 对于同样的性能要求，它比前巴特沃斯和切比雪夫滤波器所需用的阶数都低，而且它的过渡带比较窄。

4）贝塞尔（Bessel）滤波器

贝塞尔滤波器是具有最大平坦的群延迟（线性相位响应）的线性过滤器。贝塞尔滤波器常用在音频天桥系统中。模拟贝塞尔滤波器描绘为几乎横跨整个通频带的恒定的群延迟，因而在通频带上保持了被过滤的信号波形。贝塞尔滤波器具有最平坦的幅度和相位响应。带通的相位响应近乎呈线性。贝塞尔滤波器可用于减少所有 IIR 滤波器固有的非线性相位失真。贝塞尔低通滤波器的系统函数为

$$T_n(s)=\frac{B_n(0)}{B_n(s)} \tag{10-12}$$

其中，$B_n(s)$ 为 N 阶贝塞尔多项式。贝塞尔滤波器不像巴特沃斯、切比雪夫和椭圆滤波

器，没有简单的方法和公式确定 $B_n(s)=0$ 的根，即贝塞尔滤波器的极点，只能通过计算机进行数值计算。

4. 滤波器系数的量化的影响

若一个实系数 IIR 数字滤波器的系统函数为

$$H(z)=\frac{\sum_{k=0}^{M} b_k z^{-k}}{1+\sum_{k=0}^{N} a_k z^{-k}} \tag{10-13}$$

式中，a_k 和 b_k 为滤波器系数。现在用有限精度的数值 $\hat{a}_k$ 和 $\hat{b}_k$ 替代 a_k 和 b_k，得到新的系统函数如下：

$$\hat{H}(z)=\frac{\sum_{k=0}^{M} \hat{b}_k z^{-k}}{1+\sum_{k=0}^{N} \hat{a}_k z^{-k}} \tag{10-14}$$

首先分析系统极点的变化，零点的变化分析方法是类似的。系统函数分母多项式可以表示成极点$\{p_i, i=1,2,\cdots,N\}$多项式的相乘：

$$D(z)=1+\sum_{k=0}^{N} a_k z^{-k}=\prod_{i=1}^{N}(1-p_i z^{-1}) \tag{10-15}$$

则系数 a_k 的变化对分母多项式 $D(z)$的影响为

$$\frac{\partial D(z)}{\partial a_k}=\frac{\partial D(z)}{\partial p_1}\frac{\partial p_1}{\partial a_k}+\frac{\partial D(z)}{\partial p_2}\frac{\partial p_2}{\partial a_k}+\cdots+\frac{\partial D(z)}{\partial p_N}\frac{\partial p_N}{\partial a_k} \tag{10-16}$$

$$\frac{\partial D(z)}{\partial p_i}=\frac{\partial}{\partial p_i}\left[\prod_{j=1}^{N}(1-p_j z^{-1})\right]=-z^{-1}\prod_{j\neq i}(1-p_j z^{-1}) \tag{10-17}$$

对于 $j\neq i$，有

$$\left.\frac{\partial D(z)}{\partial p_j}\right|_{z=p_i}=0 \tag{10-18}$$

$$\left.\frac{\partial D(z)}{\partial a_k}\right|_{z=p_i}=\left.\frac{\partial D(z)}{\partial p_i}\right|_{z=p_i} \tag{10-19}$$

$$\frac{\partial p_i}{\partial a_k}=\left.\frac{\partial}{\partial a_k}\left(1+\sum_{k=0}^{N} a_k z^{-k}\right)\right|_{z=p_i}=z^{-k}\big|_{z=p_i}=p_i^{-k} \tag{10-20}$$

因此，可以计算得到

$$\frac{\partial p_i}{\partial a_k}=\frac{\left.\frac{\partial D(z)}{\partial a_k}\right|_{z=p_i}}{\left.\frac{\partial D(z)}{\partial p_i}\right|_{z=p_i}}=\frac{p_i^{-k}}{-z^{-1}\prod_{j\neq i}(1-p_j z^{-1})}=-\frac{p_i^{N-k}}{\prod_{j\neq i}(p_i-p_j)} \tag{10-21}$$

总的变化 Δp_i 为

$$\Delta p_i = \sum_{k=1}^{N} \Delta a_k \frac{\partial p_i}{\partial a_k} \tag{10-22}$$

这个表达式称为系数的灵敏度。从上述表达式可以得知,若 2 个极点非常靠近,则其差就会很小,因此系统对极点的变化就会非常灵敏。同理,若系统的 2 个零点非常靠近,则其差就会很小,因此系统对零点的变化就会非常灵敏。因此,若滤波器的零极点密集靠在一起,则可以通过级联或并联的方式,使得它们相互隔开,从而降低系数变化引起的灵敏度问题。

5. 冲激响应不变法设计 IIR 滤波器

冲激响应不变法设计 IIR 滤波器的主要思想是使得数字滤波器的单位样值响应和模拟滤波器的冲激响应的取值完全一样,即

$$h(n) = h_{\mathrm{a}}(nT) \tag{10-23}$$

由

$$H_{\mathrm{a}}(s) = \sum_{k=1}^{N} \frac{A_k}{s - s_k} \tag{10-24}$$

得到

$$h_{\mathrm{a}}(t) = \sum_{k=1}^{N} A_k \mathrm{e}^{s_k t} u(t) \tag{10-25}$$

让数字滤波器的单位样值响应和模拟滤波器的冲激响应相同:

$$h(n) = h_{\mathrm{a}}(nT) = \sum_{k=1}^{N} A_k \mathrm{e}^{s_k nT} u(n) \tag{10-26}$$

则

$$\begin{aligned} H(z) &= \sum_{n=-\infty}^{+\infty} h(n) z^{-n} \\ &= \sum_{n=0}^{+\infty} \sum_{k=1}^{N} A_k \mathrm{e}^{s_k nT} z^{-n} = \sum_{k=1}^{N} \frac{A_k}{1 - \mathrm{e}^{s_k T} z^{-1}} \end{aligned} \tag{10-27}$$

根据 s 平面到 z 平面的映射关系,可以得到

$$H(z)\Big|_{z=\mathrm{e}^{sT}} = \frac{1}{T} \sum_{k=-\infty}^{+\infty} H_{\mathrm{a}}\left(s - \mathrm{j}\frac{2\pi}{T}k\right) \tag{10-28}$$

s 平面到 z 平面的映射关系如 10.8 图所示。

6. 双线性变换法设计 IIR 滤波器

双线性变换法设计 IIR 滤波器采用非线性频率压缩的方法,将整个 s 平面压缩变换到 s_1 平面上 $s_1 = \pm\pi/T$ 所限制的区域中,也就是令

$$\Omega = \frac{2}{T} \tan\left(\frac{1}{2}\Omega_1 T\right) \tag{10-29}$$

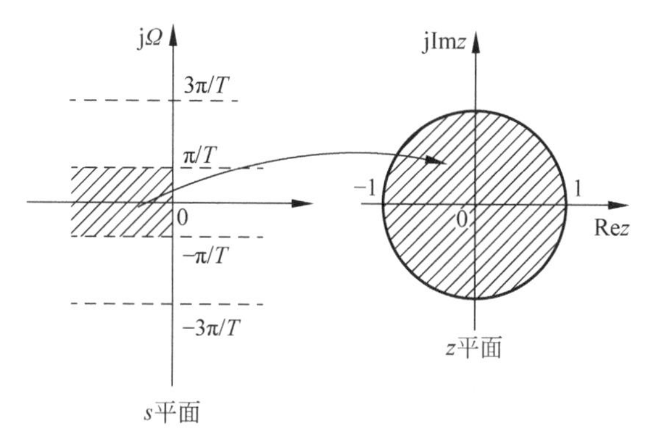

图 10.8　s 平面到 z 平面的直接映射

得到

$$s=\frac{2}{T}\text{th}\left(\frac{1}{2}\Omega_1 T\right)=\frac{2}{T}\frac{1-\mathrm{e}^{-s_1 T}}{1+\mathrm{e}^{-s_1 T}} \tag{10-30}$$

然后再通过 $z=\mathrm{e}^{s_1 T}$ 的方式映射到 z 平面，即

$$s=\frac{2}{T}\frac{1-z^{-1}}{1+z^{-1}} \tag{10-31}$$

也就是

$$z=\frac{\frac{2}{T}+s}{\frac{2}{T}-s} \tag{10-32}$$

这样，z 平面的数字频率 ω 与 s 平面的模拟频率 Ω 之间呈非线性关系：

$$\Omega=\frac{2}{T}\tan\frac{1}{2}\omega \tag{10-33}$$

消除了采用冲激响应不变法必然出现的频谱混叠现象。s 平面到 z 平面的映射关系如图 10.9 所示。

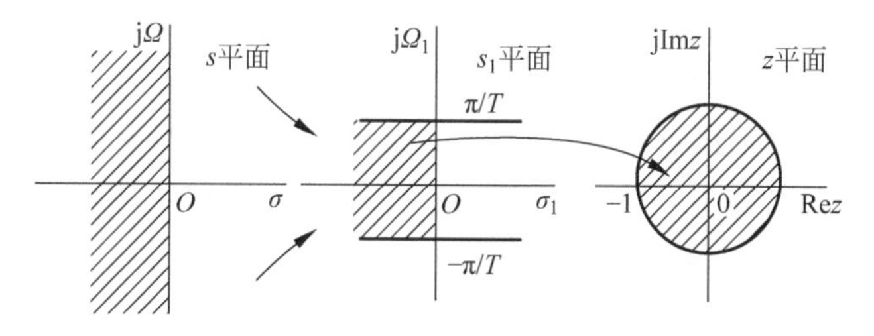

图 10.9　s 平面到 z 平面的双线性映射

但是，上述非线性关系导致双线性变换法的频率标度的非线性失真，直接影响数字滤波器频响逼真地模仿模拟滤波器的频响。

7. 频率最小均方误差设计 IIR 滤波器

频率最小均方误差设计方法是使得所设计的滤波器频率响应 $H(\mathrm{e}^{\mathrm{j}\omega})$ 和理想滤波器的频率响应 $H_{\mathrm{d}}(\mathrm{e}^{\mathrm{j}\omega})$ 的误差 E 最小，误差计算方式如下：

$$E=\sum_{i=1}^{N}\left[|H(\mathrm{e}^{\mathrm{j}\omega_i})|-|H_{\mathrm{d}}(\mathrm{e}^{\mathrm{j}\omega_i})|\right]^2 \tag{10-34}$$

若滤波器的频率响应 $H(\mathrm{e}^{\mathrm{j}\omega})$ 为

$$H(\mathrm{e}^{\mathrm{j}\omega})=A\prod_{i=1}^{N}\frac{1+a_i\mathrm{e}^{-\mathrm{j}\omega}+b_i\mathrm{e}^{-2\mathrm{j}\omega}}{1+c_i\mathrm{e}^{-\mathrm{j}\omega}+d_i\mathrm{e}^{-2\mathrm{j}\omega}}=AG(\mathrm{e}^{\mathrm{j}\omega}) \tag{10-35}$$

一共有 $4N+1$ 个待定系数，设 $\varphi=[a_1,b_1,c_1,d_1,a_2,\cdots,a_N,b_N,c_N,d_N]^{\mathrm{T}}$，令误差 $E=E(\varphi,A)$，令 E 对每一个参数的偏导数为零，得到 $4N+1$ 个方程：

$$\frac{\partial E(\varphi,A)}{\partial|A|}=0,\quad \frac{\partial E(\varphi,A)}{\partial\varphi_n}=0\quad n=0,1,\cdots,4N \tag{10-36}$$

也就是求解：

$$|A|=\frac{\sum_{i=1}^{N}|G(\mathrm{e}^{\mathrm{j}\omega_i},\varphi)|\cdot|H_{\mathrm{d}}(\mathrm{e}^{\mathrm{j}\omega_i})|}{\sum_{i=1}^{N}|G(\mathrm{e}^{\mathrm{j}\omega_i},\varphi)|^2}\overset{\mathrm{def}}{=\!=}A_g \tag{10-37}$$

$$\frac{\partial|G(\mathrm{e}^{\mathrm{j}\omega_i},\varphi)|}{\partial a_n}=|G(\mathrm{e}^{\mathrm{j}\omega_i},\varphi)|\cdot\mathrm{Re}\left[\frac{z_i^{-1}}{1+a_kz_i^{-1}+b_kz_i^{-2}}\right]_{z_i=\mathrm{e}^{\mathrm{j}\omega_i}} \tag{10-38}$$

$$\frac{\partial|G(\mathrm{e}^{\mathrm{j}\omega_i},\varphi)|}{\partial b_n}=|G(\mathrm{e}^{\mathrm{j}\omega_i},\varphi)|\cdot\mathrm{Re}\left[\frac{z_i^{-2}}{1+a_kz_i^{-1}+b_kz_i^{-2}}\right]_{z_i=\mathrm{e}^{\mathrm{j}\omega_i}} \tag{10-39}$$

$$\frac{\partial|G(\mathrm{e}^{\mathrm{j}\omega_i},\varphi)|}{\partial c_n}=-|G(\mathrm{e}^{\mathrm{j}\omega_i},\varphi)|\cdot\mathrm{Re}\left[\frac{z_i^{-2}}{1+c_kz_i^{-1}+d_kz_i^{-2}}\right]_{z_i=\mathrm{e}^{\mathrm{j}\omega_i}} \tag{10-40}$$

$$\frac{\partial|G(\mathrm{e}^{\mathrm{j}\omega_i},\varphi)|}{\partial d_n}=-|G(\mathrm{e}^{\mathrm{j}\omega_i},\varphi)|\cdot\mathrm{Re}\left[\frac{z_i^{-2}}{1+c_kz_i^{-1}+d_kz_i^{-2}}\right]_{z_i=\mathrm{e}^{\mathrm{j}\omega_i}} \tag{10-41}$$

在上述设计过程中，对系数函数零极点位置未给任何约束，零极点可能在单位圆内，也可能在单位圆外。如果极点在单位圆外，那么滤波器不是因果稳定的，因此需要对这些单位圆外的极点进行修正。由于系统函数是一个有理函数，零极点均以共轭成对的形式存在。设 z_1 为极点，则有

$$|\mathrm{e}^{\mathrm{j}\omega}-z_1||\mathrm{e}^{\mathrm{j}\omega}-z_1^*|=|z_1|^2|\mathrm{e}^{\mathrm{j}\omega}-z_1^{-1}||\mathrm{e}^{\mathrm{j}\omega}-(z_1^*)^{-1}| \tag{10-42}$$

如果将极点 z_1 和它的共轭极点 z_1^* 均以其倒数 z_1^{-1} 和 $(z_1^*)^{-1}$ 代替后，幅度特性的形状不变化，仅是幅度的增益变化了 $|z_1|^2$。设极点 z_1 处于单位圆外，如果用其倒数进行代换，变成 z_1^{-1}，将极点搬移到单位圆内。极点位置重新分配后，滤波器就变成因果稳定的。

8. IIR 数字滤波器的时域直接设计

设希望设计的 IIR 数字滤波器的单位样值响应为 $h_d(n)$，时域设计法是设计一个 IIR 数字滤波器，使它的单位样值响应 $h(n)$ 逼近 $h_d(n)$。设滤波器是因果性的，其系统函数为

$$H(z)=\frac{\sum_{i=0}^{M} b_i z^{-i}}{\sum_{i=0}^{N} a_i z^{-i}}=\sum_{k=0}^{+\infty} h(k) z^{-k} \tag{10-43}$$

那么时域直接设计法是寻找 $M+N-1$ 个系数 a_i、b_i，使得 $0\leqslant k\leqslant p-1$ 在范围内，使 $h(n)$ 逼近 $h_d(n)$，求解如下方程即可。

$$\sum_{k=0}^{M+N} h(k) z^{-k} \sum_{i=0}^{N} a_i z^{-i}=\sum_{i=0}^{M} b_i z^{-i} \tag{10-44}$$

$$\sum_{i=0}^{k} a_i h(k-i)=b_k, \quad 0\leqslant k\leqslant M \tag{10-45}$$

$$\sum_{i=0}^{k} a_i h(k-i)=0, \quad M<k\leqslant M+N \tag{10-46}$$

求解上式得 $H(z)$ 的系数 a_i 和 b_i。

9. 波形形成的 IIR 滤波器设计法

设 $x(n)$ 为给定的输入信号，$y_d(n)$ 为希望的输出信号，$x(n)$ 和 $y_d(n)$ 长度分别为 M 和 N，实际的滤波器输出为 $y(n)$。计算误差 E 并使 E 最小：

$$E=\sum_{n=0}^{N-1}[y(n)-y_d(n)]^2=\sum_{n=0}^{N-1}\left[\sum_{m=0}^{n} h(m)x(n-m)-y_d(n)\right]^2 \tag{10-47}$$

令 E 对每一个参数的偏导数为零，得到 N 个方程：

$$\frac{\partial E}{\partial h(i)}=0, \quad i=0,1,\cdots,N \tag{10-48}$$

得到

$$\sum_{n=0}^{N-1}\left[\sum_{m=0}^{n} h(m)x(n-m)-y_d(n)\right]x(n-i)=0 \tag{10-49}$$

$$\sum_{n=0}^{N-1}\sum_{m=0}^{n} h(m)x(n-m)x(n-i)=\sum_{n=0}^{N-1} y_d(n)x(n-i) \tag{10-50}$$

求解上式得 $H(z)$ 的系数 a_i 和 b_i。

10.1.2 相关 MATLAB 函数语法介绍

1. buttord()函数

功能说明：用于计算巴特沃斯数字滤波器的阶数 N 和 3dB 截止频率 wc。

语法说明：[N,wc]=buttord(wp,ws,ap,as)，调用参数 wp、ws 分别为数字滤波器的通带、阻带截止频率的归一化值。ap、as 分别为通带最大波动和阻带最小衰减，以 dB 为单位。当 ws≤wp 时，为高通滤波器。当 wp 和 ws 为二元矢量时，为带通或带阻滤波器，这时 wc 也是二元向量。N、wc 为函数的返回参数。

[N,wc]=buttord(wp,ws,ap,as,'s')：用于计算巴特沃斯模拟滤波器的阶数 N 和 3dB 截止频率 wc。wp、ws 均为实际模拟角频率。

例 10.1 设计一个低通滤波器，在通带内最大衰减为 3dB，从 0Hz 到 40Hz，阻带内最小衰减为 60dB，从 150Hz 到采样频率 500Hz。求滤波器的阶数和截止频率。

```
Wp = 40/500; Ws = 150/500;
[n,Wn] = buttord(Wp,Ws,3,60);
[b,a] = butter(n,Wn); freqz(b,a,512,1000);
```

运行程序，结果如图 10.10 所示。

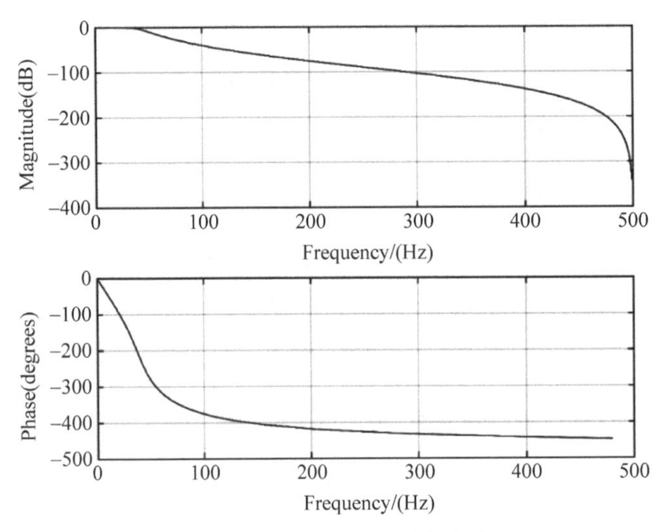

图 10.10 例 10.1 所列滤波器

2. butter()函数

功能说明：此函数用于设计巴特沃斯数字滤波器。

语法介绍：[b,a]=butter(n,Wn)。设计一个 n 阶的低通巴特沃斯数字滤波器，并返回滤波器系数矩阵[b,a]。其中截止频率 Wn 必须是在[0,1]范围内的归一化频率。当 Wn 是二元矢量时，设计一个 n 阶带通滤波器。

[b,a]=butter(n,Wn,'high')：设计一个 n 阶高通滤波器。

[b,a]=butter(n,Wn,'stop')：设计一个 n 阶带阻滤波器，Wn 是二元矢量。

[b,a]=butter(…,'s')：设计一个巴特沃斯模拟滤波器。

例 10.2 设计一个模拟巴特沃斯滤波器，截止频率为 4000Hz，通带最大衰减为

3dB，阻带起始频率为10000Hz，阻带最小衰减为30dB。

```
wp = 5000 * 2 * pi; ws = 1000 * 2 * pi;
ap = 3; as = - 30;
[N, Wn] = buttord(wp, ws, ap, as, 's');
[b, a] = butter(N, Wn, 's');
freqs(b, a);
```

运行程序，结果如图10.11所示。

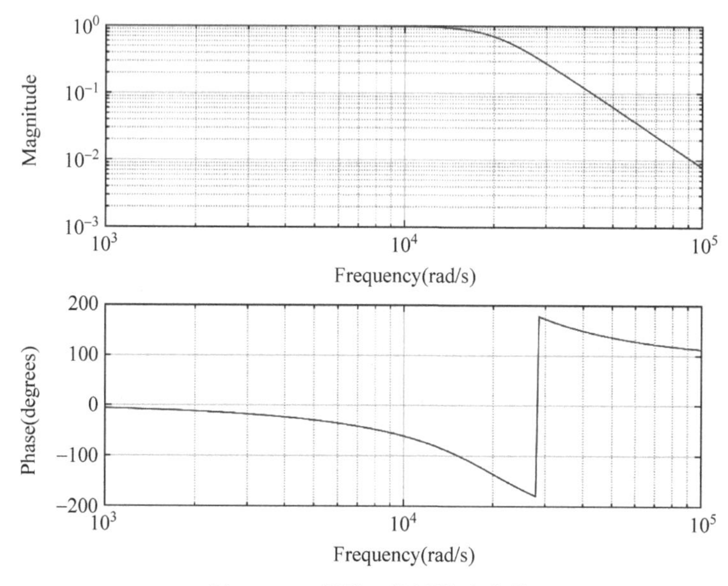

图10.11 模拟巴特沃斯滤波器

3. buttap()函数

功能说明：设计巴特沃斯数字滤波器，并给出巴特沃斯数字滤波器的零点、极点和增益。

语法介绍：[z,p,k]=buttap(n)，返回一个n阶巴特沃斯数字滤波器的零点、极点和增益。

例10.3 设计一个10阶巴特沃斯数字滤波器。

题解：利用buttap函数设计得到的这个滤波器没有零点，极点为上面显示的复数信号，增益为1，表明这个滤波器没有对信号进行放大或缩小的操作。

```
[z,p,k] = buttap(10)
z =     []
p =  - 0.1564 + 0.9877i    - 0.1564 - 0.9877i    - 0.4540 + 0.8910i    - 0.4540
     - 0.8910i
     - 0.7071 + 0.7071i    - 0.7071 - 0.7071i    - 0.8910 + 0.4540i    - 0.8910
     - 0.4540i
     - 0.9877 + 0.1564i    - 0.9877 - 0.1564i
k =    1.0000
```

4. cheb1ord()函数

功能说明：用于计算切比雪夫Ⅰ型数字滤波器的阶数 N 和 3dB 截止频率 wc。

语法说明：[N,wc]=cheb1ord(wp,ws,rp,rs)。调用参数 wp、ws 分别为数字滤波器的通带、阻带截止频率的归一化值。rp、rs 分别为通带最大波动和阻带最小衰减，以 dB 为单位。当 ws≤wp 时，为高通滤波器。当 wp 和 ws 为二元矢量时，为带通或带阻滤波器，这时 w 也是二元向量。N、wc 为函数的返回参数。

[N,wc]=cheb1ord(wp,ws,rp,rs,'s')：用于计算切比雪夫Ⅰ型模拟滤波器的阶数 N 和 3dB 截止频率 wc。wp、ws 均为实际模拟角频率。

5. cheby1()函数

功能说明：此函数用以设计切比雪夫Ⅰ型数字滤波器。

语法介绍：[b,a]=cheby1(n,Rp,Wn)。设计一个 n 阶的低通切比雪夫Ⅰ型数字滤波器，通带波动为 Rp，以 dB 为单位，并返回滤波器系数矩阵[b,a]。其中截止频率 Wn 必须是在[0,1]范围内的归一化频率。当 Wn 是二元矢量时，设计一个 n 阶带通滤波器。

[b,a]=cheby1(n,Rp,Wn,'high')：设计一个 n 阶切比雪夫Ⅰ型高通滤波器。

[b,a]=cheby1(n,Rp,Wn,'stop')：设计一个 n 阶切比雪夫Ⅰ型带阻滤波器，Wn 是二元矢量。

[b,a]=cheby1(…,'s')：设计一个切比雪夫Ⅰ型模拟滤波器。

6. cheb1ap()函数

功能说明：设计切比雪夫Ⅰ型模拟低通滤波器。

语法介绍：[z,p,k]=cheb1ap(n,rp)。返回一个 n 阶切比雪夫Ⅰ型低通滤波器的零点、极点和增益。这个滤波器在通带内的最大波动为 rp。

例 10.4 生成一个 6 阶切比雪夫Ⅰ型低通模拟滤波器，使其在通带内的最大衰减为 2dB。

题解：利用 cheb1ap()函数设计得到的这个滤波器没有零点，极点为上面显示的复数信号，最大增益是 0.0409。

```
[z,p,k] = cheb1ap(6,2)
z =     []
p =  - 0.0470 + 0.9817i    - 0.1283 + 0.7187i    - 0.1753 + 0.2630i    - 0.1753 -
0.2630i    - 0.1283 - 0.7187i    - 0.0470 - 0.9817i
k =     0.0409
```

7. cheb2ord()函数

功能说明：用于计算切比雪夫Ⅱ型数字滤波器的阶数 N 和 3dB 截止频率 wc。

语法说明：[N,wc]=cheb2ord(wp,ws,rp,rs)。调用参数 wp、ws 分别为数字滤波器的通带、阻带截止频率的归一化值。rp、rs 分别为阻带最大衰减和阻带最小衰减，以 dB 为单位。当 ws≤wp 时，为高通滤波器。当 wp 和 ws 为二元矢量时，为带通或带阻滤波器，这时 wc 也是二元向量。N、wc 为函数的返回参数。

[N,wc]=cheb2ord(wp,ws,rp,rs,'s')：用于计算切比雪夫Ⅱ型模拟滤波器的阶数 N 和 3dB 截止频率 wc。wp、ws 均为实际模拟角频率。

8. cheby2()函数

功能说明：此函数用以设计切比雪夫Ⅱ型数字滤波器。

语法介绍：[b,a]=cheby2(n,Rs,Wn)。设计一个 n 阶的低通切比雪夫Ⅱ型数字滤波器，阻带衰减为 Rs，单位为 dB，并返回滤波器系数矩阵[b,a]。其中截止频率 Wn 必须是在[0,1]范围内的归一化频率。当 Wn 是二元矢量时，设计一个 n 阶带通滤波器。

[b,a]=cheby2(n,Rs,Wn,'high')：设计一个 n 阶切比雪夫Ⅱ型高通滤波器。

[b,a]=cheby2(n,Rs,Wn,'stop')：设计一个 n 阶切比雪夫Ⅱ型带阻滤波器，Wn 是二元矢量。

[b,a]=cheby2(…,'s')：设计一个切比雪夫Ⅱ型模拟滤波器。

9. cheb2ap()函数

功能说明：设计切比雪夫Ⅰ型模拟低通滤波器。

语法介绍：[z,p,k]=cheb2ap(n,rs)。返回一个 n 阶 chebyshev Ⅱ型低通滤波器的零点、极点和增益。这个滤波器在带阻内的最小衰减为 rs。

例 10.5 设计一个 6 阶切比雪夫Ⅰ型低通模拟滤波器，使其在通带内的最小衰减为 60dB。

题解：利用 cheb2ap 函数设计得到的这个滤波器的零点和极点为上面显示的复数信号 z 和 p，增益为 k。

```
[z,p,k] = cheb2ap(6,60)
z = 0 + 1.0353i           0 - 1.0353i          0 + 1.4142i
    0 - 1.4142i           0 + 3.8637i          0 - 3.8637i
p = -0.1174 - 0.5136i   -0.3645 - 0.4274i   -0.5767 - 0.1812i   -0.5767 + 0.1812i
   -0.3645 + 0.4274i   -0.1174 + 0.5136i
k =   1.0000e-03
```

10. ellipord()函数

功能说明：计算椭圆数字滤波器的阶数 N 和 3dB 截止频率 wc。

语法说明：[N,wc]=ellipord(wp,ws,rp,rs)。调用参数 wp、ws 分别为数字滤波器的通带、阻带截止频率的归一化值。rp、rs 分别为阻带最大衰减和阻带最小衰减，以 dB 为单位。当 ws≤wp 时，为高通滤波器。当 wp 和 ws 为二元矢量时，为带通或带阻滤波器,这时 wc 也是二元向量。N、wc 为函数的返回参数。

[N,wc]=ellipord(wp,ws,rp,rs,'s'):用于计算椭圆模拟滤波器的阶数 N 和 3dB 截止频率 wc。wp、ws 均为实际模拟角频率。

11. ellip()函数

功能说明:设计椭圆数字滤波器。

语法介绍:[b,a]=ellip(n,Rp,Wn)。设计一个 n 阶的低通椭圆数字滤波器,阻带衰减为 Rp,单位为 dB,并返回滤波器系数矩阵[b,a]。其中截止频率 Wn 必须是在[0,1]范围内的归一化频率。当 Wn 是二元矢量时,设计一个 n 阶带通滤波器。

[b,a]=ellip (n,Rp,Wn,'high'):设计一个 n 阶椭圆高通滤波器。

[b,a]=ellip (n,Rp,Wn,'stop'):设计一个 n 阶椭圆带阻滤波器,Wn 是二元矢量。

[b,a]=ellip (…,'s'):设计一个椭圆模拟滤波器。

12. ellipap()函数

功能说明:设计椭圆模拟低通滤波器。

语法介绍:[z,p,k]=ellipap(n,Rp,Rs)。返回一个 n 阶椭圆低通滤波器的零点、极点和增益。这个滤波器在通带内的最大衰减为 Rp,在阻带内的最大衰减为 Rs。

13. besself()函数

功能说明:设计贝塞尔模拟滤波器。

语法介绍:[b,a]=besself(n,Wn)。设计一个 n 阶的低通贝塞尔模拟滤波器,并返回滤波器系数矩阵[b,a]。其中截止频率 Wn 是群延时恒定的最高频率。当 Wn 是二元矢量时,设计一个 n 阶带通滤波器。

[b,a]=besself (n,Wn,'high'):设计一个 n 阶高通滤波器。

[b,a]=besself (n,Wn,'stop'):设计一个 n 阶带阻滤波器,Wn 是二元矢量。

14. besselap()函数

功能说明:设计贝塞尔模拟低通滤波器。

语法介绍:[z,p,k]=besselap(n)。返回一个 n 阶贝塞尔低通滤波器的零点、极点和增益。

15. tf2zpk()函数

功能说明:计算离散时间系统函数所有的零极点和增益。

语法介绍:[z,p,k] =tf2zpk(b,a)。返回所有零点的向量 z,所有极点的向量 p 以及对应的增益 k。其中,b 和 a 为系统函数的系数,与 zplane()函数用法相同。

16. zp2tf()函数

功能说明：将连续时间系统零极点转换成系统函数的系数。

语法介绍：[b,a]=zp2tf(z,p,k)。返回连续时间系统函数的系数，其中，z 为系统所有零点的向量，p 为系统所有极点的向量，k 为系统增益，b 和 a 分别为系统函数分子和分母的系数。

17. tf2sos()函数

功能说明：转换数字滤波器的系统函数数据到二阶参数矩阵和增益。

语法介绍：[sos,g]=tf2sos(b,a)。返回数字滤波器的二阶参数矩阵 sos 和增益 g，与由系统函数系数向量 a 和 b 表示的数字滤波器等价。

18. sos2tf()函数

功能说明：转换数字滤波器的二阶参数矩阵和增益到系统函数数据。

语法介绍：[b,a]=tf2sos(sos,g)。返回数字滤波器的系统函数系数向量 a 和 b，与由二阶矩阵参数 sos 和增益 g 表示的数字滤波器等价。

19. impinvar()函数

功能说明：脉冲响应不变法设计 IIR 滤波器。

语法介绍：[bz,az]=impinvar(b,a,fs)。返回 IIR 数字滤波器系统函数的系数 bz 和 az，其单位样值响应等于系数为 b 和 a 的模拟滤波器的冲激响应，采用频率为 fs。如果省略参数 fs 或将 fs 指定为空向量[]，则它将采用默认采样频率 1Hz。

20. bilinear()函数

功能说明：双线性法设计 IIR 滤波器。

语法介绍：[zd,pd,kd]=bilinear(z,p,k,fs)。返回 IIR 数字滤波器系统函数的零点向量 zd、极点向量 pd 和增益 kd，其单位样值响应等于零点向量为 z、极点向量为 p 和增益为 k 的模拟滤波器的冲激响应，采用频率为 fs。如果省略参数 fs 或将 fs 指定为空向量[]，则它将采用默认采样频率 1Hz。

21. filtfilt()函数

功能说明：零相移滤波函数。

语法介绍：y=filtfilt(b,a,x)。通过在正向和反向两个方向处理输入数据 x 来执行零相移数字滤波。在正向过滤数据后，filtfilt 翻转过滤后的序列并将其返回通过过滤器。结果具有以下特点：①零相位失真。②滤波器系统函数等于原始滤波器系统函数的平方幅度。③过滤器顺序是 b 和 a 指定的过滤器顺序的两倍。不要将 filtfilt 与微分器或希尔伯特 FIR 滤波器一起使用，因为这些滤波器的操作在很大程度上取决于它们的相位响应。零相移滤波的原理如下：

FIR 系统 A 的频率响应为 $H(e^{j\omega})$，一个 N 点有限长序列为 $x(n)$，首先令 $w(n)=x(N-1-n)$，接着将 $w(n)$输入系统 A，输出得到 N 点有限长序列 $v(n)$，然后令 $p(n)=v(N-n-1)$，最后把 $p(n)$输入系统 A 得到输出 $y(n)$。假设，则 $Y(e^{j\omega})$和 $X(e^{j\omega})$之间的关系为 $Y(e^{j\omega})=X(e^{j\omega})|H(e^{j\omega})|^2$。

22. sosfilt()函数

功能说明：IIR 滤波函数。

语法介绍：y=sosfilt(sos,x)。将双二次数字 IIR 滤波器(二阶参数矩阵为 sos)作用于输入信号 x，输出信号 y 的长度与 x 相同。

10.2 实验示例

例 10.6 设计一个巴特沃斯低通滤波器，满足以下性能指标：通带的截止频率 $\Omega_p=10000\text{rad/s}$，通带最大衰减 $A_p=3\text{dB}$，阻带的截止频率 $\Omega_p=40000\text{rad/s}$，阻带最大衰减 $A_s=3\text{dB}$。

解：根据给定的通带和阻带性能指标确定滤波器阶次 N 及 3dB 截止频率。

巴特沃斯低通滤波器的频率响应为

$$|H_a(j\Omega)|^2=\frac{1}{1+(\Omega+\Omega_c)^{2N}}$$

由此可以得出滤波器阶次为

$$N\geqslant\frac{\lg\left(\dfrac{10^{0.1A_p}-1}{10^{0.1A_s}-1}\right)}{2\lg\left(\dfrac{\Omega_c}{\Omega_s}\right)},\quad \Omega_c=\Omega_s(0^{0.1A_s}-1)^{-\frac{1}{2N}}$$

代入已知条件得 $N>2.9083$，取 $N=3$，算得 $\Omega_c=65603\text{rad/s}$。

根据

$$s_p=(-1)^{\frac{1}{2N}}(j\Omega_c)=\Omega_c e^{j\pi\left(\frac{1}{2}+\frac{2\rho-1}{2N}\right)},\quad 1\leqslant\rho\leqslant 2N$$

可以得到 $H_a(s)$的极点位置

$$s_1=\Omega_c\left(-\frac{1}{2}+j\frac{\sqrt{3}}{2}\right),\quad s_2=-\Omega,\quad s_3=\Omega_c\left(-\frac{1}{2}-j\frac{\sqrt{3}}{2}\right)$$

归一化处理，设 $\bar{s}=s/\Omega_c$，所以 $H_a(s)$的极点形式可表示为

$$H_a(\bar{s})=\frac{1}{(\bar{s}-s_1)(\bar{s}-s_2)(\bar{s}-s_3)}$$

即满足系统性能指标的函数为

$$H_a(\bar{s})=\frac{1}{\bar{s}^3+2s^2+2\bar{s}+1}=\frac{1}{(\bar{s}+1)(\bar{s}^2+\bar{s}+1)}$$

```
fp = 10000;
fs = 40000;
Rp = 3;
As = 35;
[N,fc] = buttord(fp,fs,Rp,As,'s');
[B,A] = butter(N,fc,'s');
[hf,f] = freqs(B,A,1024);
plot(f,20 * log10(abs(hf)/abs(hf(1))))
grid on;
xlabel('f/Hz');
ylabel('幅度(dB)');
axis([0,50000, - 40,5])
line([0,50000],[ - 3, - 3]);
```

运行程序,巴特沃斯滤波器频率响应曲线如图 10.12 所示。

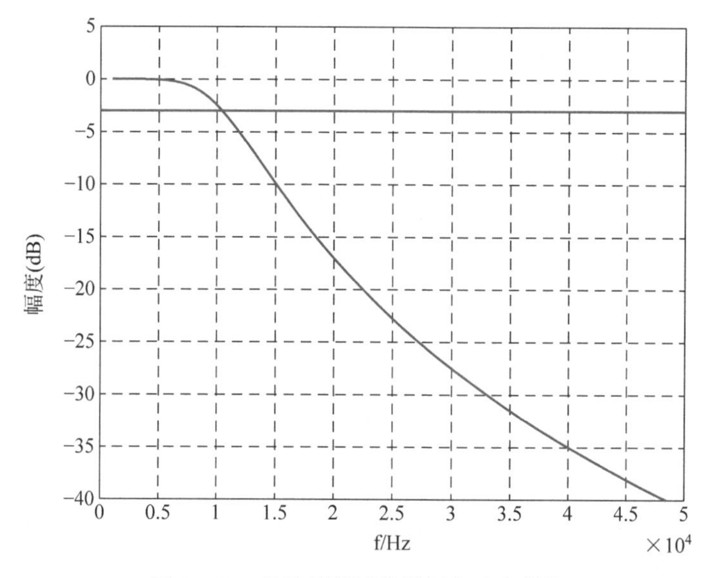

图 10.12 巴特沃斯滤波器频率响应曲线

例 10.7 导出二阶切比雪夫滤波器的系统函数,已知通带波纹 δ 为 1dB,归一化截止频率 $\Omega_c = 1\text{rad/s}$。

解:由于通带波纹为 1dB,根据

$$\delta = 10\lg \frac{|H_a(j\Omega)|_{max}^2}{|H_a(j\Omega)|_{min}^2} = 20\lg \frac{|H_a(j\Omega)|_{max}}{|H_a(j\Omega)|_{min}} (\text{dB})$$

可得

$$\varepsilon^2 = 10^{\frac{\delta}{10}} - 1 = 10^{0.1} - 1 = 0.25892541$$

由于 $\Omega_c=1$,故 $x=\dfrac{\Omega}{\Omega_c}=\Omega$。由切比雪夫多项式,代入 $x=\Omega$,得

$$T_2(\Omega)=2\Omega^2-1$$

则

$$T_2^{\,2}(\Omega)=4\Omega^4-4\Omega^2+1$$

将 $T_2^{\,2}(\Omega)$及 ε^2 代入滤波器阶次求解公式,可得

$$H^2(\Omega)=\frac{1}{1.0357016\Omega^4-1.0377016\Omega^2+1.25892541}$$

令 $s=\mathrm{j}\Omega$,即 $s^2=\Omega^2$,可得

$$H_a(s)H_a(-s)=H^2(\Omega)\big|_{\Omega_2-s^2}=\frac{1}{1.0357016s^4-1.0377016s^2+1.25892541}$$

由上式的分母多项式的根得出 $H_a(s)H_a(-s)$的极点为

$$s_1=1.050049\mathrm{e}^{\mathrm{j}58.484569},\quad s_2=1.050049\mathrm{e}^{\mathrm{j}121.51543}$$

$$s_3=1.050049\mathrm{e}^{\mathrm{j}121.51543},\quad s_4=1.050049\mathrm{e}^{\mathrm{j}58.484569}$$

幅度平方函数的这些极点是落在 s 平面一个椭圆上的。系统函数 $H_a(s)$由 $H_a(s)H_a(-s)$的左半平面根点(s_2,s_3)确定。考虑到直流增益为 $1\big/\sqrt{1+\varepsilon^2}$(因为 N 是偶数),最后可得

$$H_a(s)=\frac{0.9826133}{s^2+1.0977343s+1.1025103}$$

```
n = 2;rp = 1;
[z,p,k] = cheb1ap(n,rp)
p =  -0.5489 + 0.8951i     -0.5489 - 0.8951i
k = 0.9826
```

例 10.8 分别设计 IIR 和 FIR 陷波器,−3dB 截止频率为 2.95kHz 和 3.05kHz,−40dB 截止频率为 2.98kHz 和 3.02kHz,采样频率为 10kHz。

解:由于采样频率为 10kHz,对应的−3dB 数字截止频率为

$$\omega_1=2\pi\frac{2.95}{10}=0.59\pi$$

$$\omega_2=2\pi\frac{3.05}{10}=0.61\pi$$

类似地,对应的−40dB 数字截止频率为 0.596π 和 0.604π,使用 filterDesigner,选择 Notching 滤波器,IIR(Single Notch)方式,如图 10.13 所示。

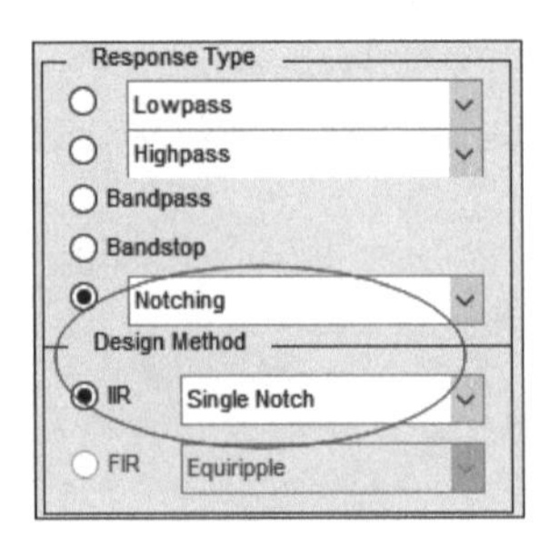

图 10.13 选择 IIR 滤波器类型

例 10.9 设计 IIR 带通滤波器,−3dB 截止频率为 340kHz 和 3.4kHz,−60dB 截止频率为 330kHz

和3.5kHz，采样频率为8kHz，所有系数采用6位有效数字。

解：使用filterDesigner选择Bandpass滤波器IIR(Elliptic)方式，如图10.14所示。

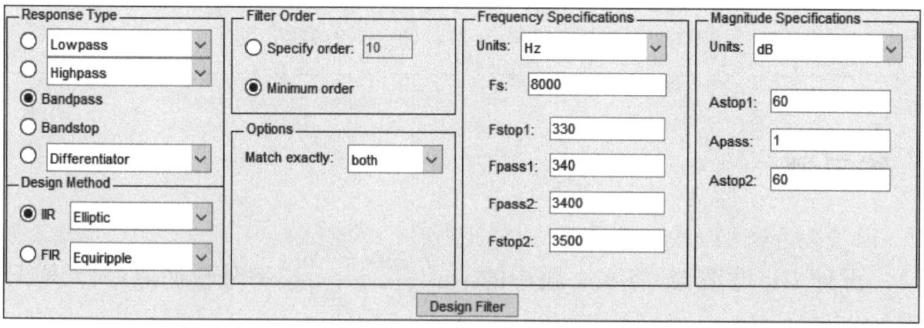

图10.14 设置IIR滤波器参数

得到对应的滤波器参数，通过Export方式导入MATLAB的Workspace中，变量命名为SOS和G，输入下列代码(6位有效数据对应MATLAB中的single数据类型)。

```
[bd,ad] = sos2tf(SOS,G);
[zd,pd,kd] = tf2zpk(bd,ad);
% Show max radius of pole in double precision
pdmax = max(abs(pd))
% truncate to single precision
bs = single(bd);
as = single(ad);
[zs,ps,ks] = tf2zpk(bs,as);
% Show max radius of pole in single precision
psmax = max(abs(ps))
pdmax =
    0.9994
psmax =
    1.0338
```

可以发现，使用双精度系数时，极点最远在单位圆内，系统稳定。当使用单精度系数时，极点最远超出了单位圆，系统不稳定。这种现象是由于计算机的有限字长效应导致误差积累造成的。

解决这种问题，必须要将高阶滤波器分解成多个一阶或二阶滤波器。本题中，系统共有22个极点，将之前代码计算出来的双精度零极点的共轭复数两两组对，形成11个二阶系统。组对的时候，尽量将z平面上靠近的零极点进行配对，以减小在滤波过程中的误差。通过zp2tf()函数转换为对应的双精度滤波器系数，再将这些系数转换为单精度浮点数。这样，每个二阶系统的极点仍然都处于单位圆内，系统就能保持稳定。

例10.10 利用impinvar()将模拟低通滤波器变换成数字滤波器(取样频率为10Hz)。

```
[b,a] = butter(4,0.3,'s');
[bz,az] = impinvar(b,a,10);
bz = 1.0e-006 *  -0.0000     0.1324     0.5192     0.1273     0
az = 1.0000     -3.9216     5.7679   -3.7709     0.9246
```

10.3 练习题

10.1 设计IIR滤波器，将9.1题中的 $\sin\left(\frac{nN\pi}{2N+50}\right)$ 频率分量滤除（N=学号后三位+100）。要求给出滤波器基本参数（阶数、过渡带带宽、-3dB截止频率、是否为线性相位等），绘制滤波器幅频特性图和相频特性图，绘制并对比滤波前后信号的幅度谱（自行选择合适的 M，避免频谱栅栏效应现象）。要求通带波动小于1dB，滤波后残留的频率成分越少越好（至少衰减40dB），滤波器的阶数越低越好。

10.2 设计IIR滤波器，将9.1题中的 $\sin\left(\frac{nN\pi}{2N-50}\right)$ 频率分量滤除（N=学号后三位+100）。要求给出滤波器基本参数（阶数、过渡带带宽、-3dB截止频率、是否为线性相位等），绘制滤波器幅频特性图和相频特性图，绘制并对比滤波前后信号的幅度谱（自行选择合适的 M，避免频谱栅栏效应现象）。要求通带波动小于1dB，滤波后残留的频率成分越少越好（至少衰减40dB），滤波器的阶数越低越好。

10.3 设计IIR滤波器，将9.1题中的 $\sin\left(\frac{nN\pi}{2N+50}\right)$ 和 $\sin\left(\frac{nN\pi}{2N-50}\right)$ 频率分量同时滤除（N=学号后三位+100）。要求给出滤波器基本参数（阶数、过渡带带宽过渡带、-3dB截止频率、是否为线性相位等），绘制滤波器幅频特性图和相频特性图，绘制并对比滤波前后信号的幅度谱（自行选择合适的 M，避免频谱栅栏效应现象）。要求通带波动小于1dB，滤波后残留的频率成分越少越好（至少衰减40dB），滤波器的阶数越低越好。

10.4 设计IIR滤波器，将9.1题中的 $\sin\left(\frac{n\pi}{2}\right)$ 频率分量滤除（N=学号后三位+100）。要求给出滤波器基本参数（阶数、过渡带带宽、-3dB截止频率、是否为线性相位等），绘制滤波器幅频特性图和相频特性图，绘制并对比滤波前后信号的幅度谱（自行选择合适的 M，避免频谱栅栏效应现象）。要求通带波动小于1dB，滤波后残留的频率成分越少越好（至少衰减40dB），滤波器的阶数越低越好。

10.5 用MATLAB对下面每个IIR系统：

（1）画出系统的直接Ⅰ型、直接Ⅱ型（正准型）、一阶或二阶实系数级联形式、一阶或二阶实系数并联形式结构框图，要求首先通过计算，给出计算结果。

（2）画出系统幅频响应图，并说明滤波器性质。

$$H_1(z)=\frac{0.3901+0.6426z^{-1}+0.8721z^{-2}+0.6426z^{-3}+0.3901z^{-4}}{1+0.5038z^{-1}+0.8923z^{-2}+0.3844z^{-3}+0.1569z^{-4}}$$

$$H_2(z)=\frac{0.3549+0.2002z^{-1}+0.7031z^{-2}+0.2002z^{-3}+0.3549z^{-4}}{1+1.2522z^{-1}+1.9448z^{-2}+0.9774z^{-3}+0.5595z^{-4}}$$

10.6　设计一个中心频率为15kHz的FIR带通滤波器A，一个中心频率为45kHz的FIR带通滤波器B，一个中心频率为75kHz的FIR带通滤波器C，一个中心频率为105kHz的FIR带通滤波器D，一个中心频率为135kHz的FIR带通滤波器E。采样频率固定为500kHz，对一个15±0.5kHz的方波信号x进行采样得到离散时间信号$x(n)$，将$x(n)$分别输入滤波器A、B、C、D和E中，得到输出信号$y_1(n)$，$y_2(n)$，$y_3(n)$，$y_4(n)$和$y_5(n)$。然后将$y_1(n)$，$y_2(n)$，$y_3(n)$，$y_4(n)$和$y_5(n)$移相后相加得到信号$z(n)$，使得$z(n)$尽可能接近信号$x(n)$，在MATLAB中绘制$x(n)$和$z(n)$并对比。

10.7　已有如下三阶离散椭圆低通滤波器的系统函数：

$$H(z)=\frac{0.1214(1-1.4211z^{-1}+z^{-2})(1+z^{-1})}{(1-1.4928z^{-1}+0.8612z^{-2})(1-0.6183z^{-1})}$$

(1) 若这个滤波器用直接型结构实现，求其极点的灵敏度；

(2) 若这个滤波器用级联型结构实现，求其极点的灵敏度。

10.8　已知如下差分方程表示的离散全通滤波器：

$$y(n)=\frac{1}{\sqrt{2}}y(n-1)-x(n)+\sqrt{2}x(n-1)$$

(1) 将上述差分方程的系数舍入到3位十进制有效数字，这个滤波器还具有全通特性吗？绘制其幅频响应$H_1(e^{j\omega})$验证你的判断。

(2) 将上述差分方程的系数舍入到2位十进制有效数字，这个滤波器还具有全通特性吗？绘制其幅频响应$H_2(e^{j\omega})$验证你的判断。

(3) 解释上述两个幅频响应不同的原因。

10.9　一个IIR数字低通滤波器，满足通带纹波0.5dB，阻带衰减60dB，通带归一化截止频率0.25，阻带归一化边缘频率0.3，可采用如下MATLAB代码实现：

```
Wp = 0.25; Ws = 0.3; Rp = 0.5; As = 60;
[n,Wn] = ellipord(Wp,Ws,Rp,As);
[b,a] = ellip(n, Rp, As, Wn);
```

滤波器系数b和a可以看成是无限精度的数值。

(1) 用直接型结构实现上述滤波器，并将系数舍入到4位十进制有效数字，绘制其幅频响应、相频响应、相位延迟和群延迟图；

(2) 用直接型结构实现上述滤波器，并将系数舍入到3位十进制有效数字，绘制其幅频响应、相频响应、相位延迟和群延迟图；

(3) 用级联型结构实现上述滤波器，并将系数舍入到4位十进制有效数字，绘制其幅频响应、相频响应、相位延迟和群延迟图；

(4) 用级联型结构实现上述滤波器，并将系数舍入到3位十进制有效数字，绘制其幅频响应、相频响应、相位延迟和群延迟图；

(5) 比较并分析上述结果。

参 考 文 献

[1] 程佩青. 数字信号处理[M]. 5版. 清华大学出版社, 2017.
[2] PROAKIS G. 数字信号处理[M]. 5版. 电子工业出版社, 2018.
[3] 王艳芬. 数字信号处理原理及实现[M]. 北京: 清华大学出版社, 2020.
[4] OPPENHEIM A V. 离散时间信号处理[M]. 3版. 北京: 电子工业出版社, 2011.
[5] MITRA S K. 数字信号处理[M]. 3版. 北京: 电子工业出版社, 2018.
[6] INGLE Y K. 数字信号处理[M]. 3版. 西安: 西安交通大学出版社, 2013.
[7] 胡广书. 数字信号处理[M]. 3版. 北京: 清华大学出版社, 2013.
[8] 吴镇扬. 数字信号处理[M]. 北京: 高等教育出版社, 2010.

图书资源支持

感谢您一直以来对清华版图书的支持和爱护。为了配合本书的使用,本书提供配套的资源,有需求的读者请扫描下方的“书圈”微信公众号二维码,在图书专区下载,也可以拨打电话或发送电子邮件咨询。

如果您在使用本书的过程中遇到了什么问题,或者有相关图书出版计划,也请您发邮件告诉我们,以便我们更好地为您服务。

我们的联系方式:

地　　址:北京市海淀区双清路学研大厦 A 座 714

邮　　编:100084

电　　话:010-83470236　010-83470237

客服邮箱:2301891038@qq.com

QQ:2301891038(请写明您的单位和姓名)

资源下载:关注公众号“书圈”下载配套资源。

资源下载、样书申请

书圈

获取最新书目

观看课程直播